中国地质大学(武汉)实验教学系列教材
地质资源"双一流"学科建设经费资助
"十三五"国家科技重大专项(2016ZX05026-003)资助
联合基金项目(U19B2007)资助

含油气盆地野外露头和岩心沉积相解译

Outcrop and Core Interpretations on Sedimentary Facies in Petroleum-bearing Basin

王家豪　王　华　刘晓峰　黄传炎　编著

内容简介

野外露头和岩心观察是含油气盆地沉积学分析的首要工作内容。只有具备该项工作的扎实基础,才能建立测井、地震资料与岩性、沉积相的对应关系,并进一步开展全井段和整个盆地的充填演化研究,最终获取油气生储盖组合和有利探勘层系等信息。

本书内容包括:①露头和岩心解释工作方法流程、成果图件的编制;②不同类型沉积相标志的归纳总结;③典型沉积相类型的沉积特点和辨识。本书吸收了国内外沉积学研究的新进展,以简练的文字、直观精美的图件,阐述了碎屑岩和碳酸盐岩、牵引流和重力流、正常沉积和事件沉积的特点及识别依据,展示的图片资料包括200多幅野外露头和500多幅岩心的彩色照片,并进行了详细的解译,旨在为读者更好地观察和理解含油气盆地沉积相起到指导作用。

本教材既适用于地球科学和资源专业的大学生以及相关专业的研究人员,也适用于对沉积学感兴趣的中学生和业余地质爱好者。

图书在版编目(CIP)数据

含油气盆地野外露头和岩心沉积相解译/王家豪等编著.—武汉:中国地质大学出版社,2020.11
ISBN 978-7-5625-4875-1

Ⅰ.①含…
Ⅱ.①王…
Ⅲ.①含油气盆地-沉积学-研究
Ⅳ.①P618.130.2

中国版本图书馆 CIP 数据核字(2020)第 187679 号

含油气盆地野外露头和岩心沉积相解译				王家豪　等编著
责任编辑:王凤林　王　敏	选题策划:毕克成　张晓红　王凤林			责任校对:周　旭
出版发行:中国地质大学出版社(武汉市洪山区鲁磨路388号)				邮编:430074
电　　话:(027)67883511	传　　真:(027)67883580			E-mail:cbb@cug.edu.cn
经　　销:全国新华书店				http://cugp.cug.edu.cn
开本:787毫米×1092毫米　1/16		字数:336千字		印张:13.25
版次:2020年11月第1版			印次:2020年11月第1次印刷	
印刷:武汉中远印务有限公司			印数:1—1 000册	
ISBN 978-7-5625-4875-1				定价:58.00元

如有印装质量问题请与印刷厂联系调换

作者简介

王家豪,男,1968年10月出生,籍贯湖北省天门市,副教授。1990年、1999年、2005年,先后获中国地质大学(武汉)矿产系煤田地质勘探专业学士学位、古生物学与地层学(含古人类学)专业硕士学位、矿产普查与勘探专业博士学位,2017—2018年在澳大利亚昆士兰大学访学1年。现工作于中国地质大学(武汉)资源学院石油地质系,主要从事沉积学、层序地层学教学与科研工作。

王家豪2018年在昆士兰大学访学期间进行岩心观察

迄今承担或作为骨干参加纵向、横向科研项目30余项,在 Sedimentary Geology、Marine and Petroleum Geology、Marine Geophysical Research、Journal of Earth Sciences、《地球科学》《石油学报》《地学前缘》等刊物发表论文50余篇,独立或参与编写专著、教材4部。获2007年度湖北省科技进步二等奖;撰写的论文被评为第四届全国沉积学大会"十佳青年优秀论文"、2011年盆地动力学与油气储层研讨会"十佳优秀论文"。

中国地质大学(武汉)实验教学系列教材编委会

主   任：王 华

副 主 任：徐四平 周建伟

编委会委员：(以姓氏笔画为序)

      文国军 公衍生 孙自永 孙文沛

      朱红涛 毕克成 刘 芳 刘良辉

      肖建忠 陈 刚 吴 柯 杨 喆

      吴元保 张光勇 郝 亮 龚 健

      童恒建 窦 斌 熊永华 潘 雄

前 言

沉积岩是一部长篇史书,记录着地球的发育演化过程,其中蕴含有"沧海桑田"和"三十年河东、四十年河西"的地理变迁故事,既包括温婉的渐变,也包括种种"腥风血雨"的事件。然而,这本历史书采用我们并不普遍熟悉的文字写成,需要我们去破解其中的奥秘,这就是沉积学的科学使命之一。

沉积学历经近百年的发展,已成为较成熟的学科,在煤田、石油和铀等沉积型矿产资源的勘探中发挥着重要的指导作用。但沉积学的成长还远没到尽头,大量的悬念有待我们去探索。露头-岩心沉积相观察是沉积学研究最基本的手段,具有测井相、地震相等其他沉积相分析手段不可替代的直观特征,所识别的岩性组合与沉积构造是获取沉积物搬运介质的水动力状况和沉积过程信息的重要途径。同时,通过对岩心的观察描述,可以直接了解地下岩层的岩相、物性和含油气状况,为石油勘探开发提供直接依据。

当前,我国的油气勘探历经了以构造圈闭为目标的早期阶段,而步入到以地层-岩性圈闭为目标的新阶段,勘探方向和思路发生了由浅层到中深层、常规到非常规、优质储层到甜点储层的重大转变。油田专家反映,一些厚砂层往往是水层,而油层反而蕴含在一些 1～2m 厚的薄砂层中,这种状况实质上就是地层-岩性圈闭和非常规油藏的外在表现。从油气开发的角度,我国众多油田步入中后期,小层划分也越来越细密,但随之而来的就是油水界面混乱、注采关系复杂、剩余油的赋存及成因机制不清等生产难题,需要有精细的砂体刻画和储层沉积学的深入认识。在这种严峻的形势下,油田单位提出了沉积微相和砂体展布再研究的要求,并将该思想上升为油田可持续发展的战略决策。

当今的科学研究趋于微量化和定量化,高倍镜下的显微观察和成分、结构微观分析等手段越来越丰富,计算机模拟技术越来越受到青睐,人们较多地习惯于坐在电脑前敲击键盘,而岩心观察的宏观手段趋于没落。另外,露头-岩心沉积相观察方法的传承此前大多是口口相传,以致这种技能逐渐被遗忘。在校学生和初入地质行业人员常常由于缺乏相关基本知识而无从下手,在实际操作中将相近的沉积构造混淆,对沉积相类型的最终判别缺乏信心,这种现状无疑亟待改变。

本书收集了作者及团队长期在我国东部渤海湾盆地、珠江口盆地和鄂尔多斯盆地等科研实践中实地观察的露头和岩心资料，希望通过翔实的解译，提供一本较系统的露头和岩心沉积学分析的参考书。除了露头-岩心观察描述的基础知识介绍之外，本书的特色是：①从对比的角度，归纳总结了不同沉积相类型的识别要点；②列举了丰富的露头-岩心照片，并采取整体与局部现象相结合，"所见即所得"，方便理解；③立足于沉积相类型的解译，而不是用单一图片来说明某种沉积构造。

本书首先是希望让读者觉得露头-岩心沉积学分析并不是一项棘手的工作。同时，沉积现象纷繁多样，由于受研究时间和认识水平等诸方面因素的制约，书中的错误和不足在所难免，衷心欢迎各位读者批评指正。

编著者

2020 年 6 月

目 录

第一章 野外露头和岩心观察的流程 ………………………………………… (1)
　一、野外露头观察的流程 ……………………………………………………… (1)
　二、野外露头工作的装备和用品 ……………………………………………… (2)
　三、野外工作的安全和注意事项 ……………………………………………… (3)
　四、岩心的存放规范及信息读取 ……………………………………………… (3)
　五、岩心观察的操作流程 ……………………………………………………… (5)
　六、岩心观察结果记录与编图 ………………………………………………… (7)

第二章 露头、岩心观察描述的要点 ………………………………………… (10)
　一、区域地质资料的收集 ……………………………………………………… (10)
　二、分层依据与地层的接触关系 ……………………………………………… (10)
　三、露头-岩心观察描述的内容和要点 ………………………………………… (13)

第三章 沉积相识别的依据与思维方式 ……………………………………… (16)
　一、沉积物的结构 ……………………………………………………………… (16)
　二、典型沉积构造辨析 ………………………………………………………… (17)
　三、沉积构造与沉积环境的对应关系 ………………………………………… (29)
　四、沉积旋回和沉积序列 ……………………………………………………… (31)
　五、沉积相判识中的科学思维 ………………………………………………… (36)
　六、沉积相演化及层序地层学的启示 ………………………………………… (37)

第四章 典型碎屑岩沉积相特征辨析及识别要点 …………………………… (40)
　一、冲积扇、扇三角洲和近岸水下扇 ………………………………………… (41)
　二、曲流河、辫状河与砾质曲流河 …………………………………………… (42)
　三、滨湖-浅湖-半深湖-深湖相 ………………………………………………… (47)
　四、氧化和氧化-咸化宽浅型湖泊、深水咸化湖泊和盐湖 …………………… (48)
　五、浪控与潮控滨海相 ………………………………………………………… (49)
　六、潮控浅海和富有机质深海相 ……………………………………………… (50)
　七、海相河控、浪控与潮控三角洲 …………………………………………… (52)
　八、湖相三角洲、辫状河三角洲与扇三角洲 ………………………………… (53)
　九、浅水三角洲与"深水"三角洲 …………………………………………… (54)
　十、沙漠-风成沉积 ……………………………………………………………… (56)

第五章 重力流的沉积特点及识别标志 ……………………………………… (59)
　一、重力流沉积的分类 ………………………………………………………… (59)
　二、重力流的流态类型及识别 ………………………………………………… (60)

三、滑塌型和洪水型重力流的沉积特点及识别 ………………………………… (63)
　　四、斜坡扇与盆底扇沉积特点辨析及识别 ………………………………… (68)
　　五、海底扇的沉积模式及微相构成 ………………………………………… (69)
　　六、湖底扇的类型及沉积模式 ……………………………………………… (71)
　　七、底流改造作用及识别 …………………………………………………… (72)

第六章　几种典型的事件沉积及识别 ……………………………………………… (75)
　　一、风暴沉积与风暴岩 ……………………………………………………… (75)
　　二、震积作用与震积岩 ……………………………………………………… (78)
　　三、火山活动与火山碎屑岩 ………………………………………………… (80)
　　四、冰川活动与冰碛岩 ……………………………………………………… (85)
　　五、岩溶作用及溶洞沉积 …………………………………………………… (87)

第七章　碳酸盐岩的沉积特点及沉积相识别 ……………………………………… (89)
　　一、碳酸盐岩与碎屑岩沉积特征的异同点 ………………………………… (89)
　　二、碳酸盐岩的结构对沉积环境的启示 …………………………………… (90)
　　三、适用于沉积相分析的碳酸盐岩命名 …………………………………… (91)
　　四、白云岩的成因及识别标志 ……………………………………………… (92)
　　五、海相碳酸盐沉积相类型及识别标志 …………………………………… (94)
　　六、湖相碳酸盐沉积相类型及识别标志 …………………………………… (95)

第八章　实例研究区简介 …………………………………………………………… (98)
　　一、渤海湾盆地孔店凹陷和歧口凹陷 ……………………………………… (98)
　　二、塔里木盆地库车坳陷 …………………………………………………… (99)
　　三、南盘江盆地广西百色地区 …………………………………………… (102)
　　四、鄂尔多斯盆地安塞油田 ……………………………………………… (103)
　　五、中扬子克拉通宜昌地区黄陵穹隆及周缘 …………………………… (105)
　　六、华北克拉通山东省中部上寒武统 …………………………………… (105)

主要参考文献 ……………………………………………………………………… (111)

图版及图版说明 …………………………………………………………………… (119)
　　岩心图版 …………………………………………………………………… (119)
　　露头图版 …………………………………………………………………… (158)

第一章 野外露头和岩心观察的流程

无论是地质调查,还是剖面的实测和采样,野外地质工作都必须是一个系统客观、科学有序的过程。只有在合适的工作流程基础上,才能把更多的时间和精力放在提出问题上以验证理论,得出启发和新认识。野外露头与岩心观察,作为两种原始资料收集的手段,其方法流程还存在差异,因此本章分别叙述。

一、野外露头观察的流程

野外露头观察的流程包括露头的清理直至样品采集的全过程。

1. 露头的清理

露头工作中既要观察岩石的风化表层,也要观察新鲜面,并采集必要的样品,露头的清理因此成为工作的起点。有助于获取更好的观察结果的方法包括:①弄湿和风干岩石表面,岩石的一些特征适合在表面湿润的条件下观察,另一些适合风干后观察;②刷洗岩石表面,使用坚硬的金属或粗毛刷可有效地清理地衣、植被和淤泥等;③刮铲露头表层,使用小铲或铁锹刮铲露头表层,可获得光滑平整的地层,尤其是弱固结或半固结的地层;④挖掘探槽,可很好地揭示疏松沉积物或覆盖严重的地层;⑤其他方法,如利用酸冲洗碳酸盐岩,可获得十分新鲜的表面,但出于安全和环保考虑,不建议使用。

2. 基本参数测量与记录

野外记录尽量收集完整的实测点的记录内容,体现良好的记录习惯。记录内容包括:日期、地点(地理标识)、GPS 位置、地层、地层特征、产状、成分、结构(分选、磨圆)、地层的接触关系、构造(包括褶皱、断层、解理、劈理、不整合面、侵入体和脉体等)、沉积构造、生物化石、大尺度的沉积相组合-沉积序列-沉积旋回、环境解释、素描图。

描述的要点主要有:①走向和倾角(倾伏向和倾伏角)。面状构造用走向(或倾向)和倾角记录,如地层产状、前积层层理面和断层面;线状构造采用倾伏向和倾伏角记录,如层面的线理、槽模的轴线和长条形矿物的排列方向。②地层厚度,包括厚度和侧向上的变化,便于统计沉积旋回和沉积序列的厚度。③沉积物的结构与颗粒排列。颗粒的粒度和分选,大的碎屑可通过 0.5m×0.5m 范围内 200 个样品的实测和统计获得,包括粒度区间和最大粒径等。

3.野外素描与绘图

野外素描、绘图与文字描述同等甚至更加重要,既可以准确、快速地记录露头中的各种沉积特征及相互关系,又便于后期的解释和回忆。此类图件是展示沉积和构造现象的示意图,对艺术性要求不高,但需要满足多个条件:沉积要素、接触关系和相对大小的勾勒必须准确;描绘必须简明,重点是展示沉积和构造现象,而不是地表植被和风化特征等;添加详细的沉积现象注释;标注比例尺、地层顶底深度及方位;使用规范的缩写符号,必要时可自制缩写符号。具体图件包括以下几类。

(1)野外素描图。主要用于展示剖面中的地层及其形态、沉积相侧向变化、火成岩体或侵入岩体的分布、沉积相组合或编图地层单元以及大型沉积序列和沉积旋回。

(2)岩性柱状图。用于描述露头特定部位垂向完整的地层序列,可很好地展示地层的顺序、垂向沉积序列和主要岩性类型。

(3)岩性剖面图。是系统记录露头沉积学数据的方法,包括沉积构造、化石、典型相标志、露头照片拍摄地点等。

4.露头拍照

随着高清数码相机的出现和广泛使用,清晰的露头照片已经成为其他数据的必要补充,导入电脑后直接用于报告编写,可以拼接成长剖面反映露头的宏观特征,还可以用于垂向地层厚度的变化。拍照时注意加上比例尺和地层顶底标注,并在野外记录簿中记录照片的序号。

5.样品采集

应该采取未风化的样品,从而保存更真实的岩性、沉积构造和粒级。注意使用防水油性记号笔在样品和样品袋上详细标注样品号、样品的顶底。为防止破碎,可采用报纸等材料仔细包裹样品。样品的大小取决于具体实验的需要。

二、野外露头工作的装备和用品

野外常用物品包括:背包(结实、轻便、多口袋),地质锤(约1kg),地质罗盘(需预设研究区磁偏角),手持放大镜(倍数以10倍为佳),袖珍折叠刀,卷尺(长度依实测剖面而定),盐酸瓶(装足盐酸);野外记录簿(硬皮、防水,页面大小足够剖面素描、岩性剖面绘制及简要的文字记录,建议至少为180mm×220mm),粒度和分选图版,极射赤平投影网和透明纸;钢笔、铅笔、尺子、绘图彩笔和投影使用的图钉;样品袋和记号笔,底图和画板(如需绘图);标准岩性记录纸和文件夹;地质图、地形图和相关资料;相机,GPS,航空照片,各种便携式电子仪器(如笔记本电脑、地球化学分析光谱仪)。

三、野外工作的安全和注意事项

1. 野外工作的安全

野外工作具有一定的风险,需要时刻警惕周围环境的变化,并为有可能的突发事件做好准备。每个人既要对自己的安全负责,也要留意他人的安危,需要注意的问题如下。

(1)提前了解工作地点的特殊灾害,包括天气、潮汐和海况的变化以及危险的动物和昆虫等。

(2)提前配备合适的急救设备,包括急救药箱、口哨、手电筒、火柴、水、备用的食物等,并穿戴适合野外活动的衣服和鞋子,涂抹防晒霜。

(3)参加培训班,学习基本的急救知识,并领取急救手册。此外,还要特别注意饮水卫生。

(4)提前计划好行程中每天的住宿地点和随行人员,最好与同事、朋友、海岸警备队或其他人员结伴,住宿可以选择野营基地或酒店。

(5)尽量配备移动电话,记住当地的急救电话和国际紧急救援电话。

2. 特别注意事项

(1)注意裸露的悬崖、采石场崖壁和其他陡壁,注意陡坡上松散的碎石,避免滚石伤害到自己及附近的人,必要时配备安全帽。

(2)注意潜在的各种落石、山体滑坡、泥石流、下陷的泥沙、山洪和地震。

(3)注意沿岸的巨浪和湿滑的岩石。

(4)不要沿着陡坡猛跑,也不要攀爬陡峭的悬崖和峭壁,除非受过专业的攀岩训练并有他人陪同。

(5)避免在老旧的矿山巷道和矿洞内工作,除非受过相应的培训,并获得进洞许可。

四、岩心的存放规范及信息读取

岩心的观察描述与露头沉积岩大体相同,只不过它是岩石垂向上或斜向上一段很窄的条带。钻井岩心编录是引用文字、图件、表格等形式,把岩心中蕴含的地质和矿产现象,以及综合研究的结果,系统、客观地反映出来的工作过程。它为研究工作地区的地质和矿产规律,评价和开发矿床,提供准确、可靠的资料。对于一个观察人员,首先需要掌握的是岩心存放的规范,以正确获取其中包含的信息,随后是熟悉岩心观察的操作流程。

作为油田获取深层岩石类型和性质的重要资料,岩心存放具有统一的规范和规则要求。了解岩心存放的规范,有利于在实践操作中正确摆放岩心,采取合理的观察流程,观察完毕后正确还原、归位。

1. 方向线及长度标记

方向线:用红色箭头线对单筒岩心累计半米及整米自上而下标出的记号,因此也提供了岩心方向的信息。岩心上的红色方向线箭头指向井底,如图1-1所示。方向线一侧白漆圆点内的黑色数字为岩心长度标记,一般为整米或半米,表示此处岩心距本次取心顶部的距离。图 1-1 所示岩心距本次取心顶部的距离为 3.0m。

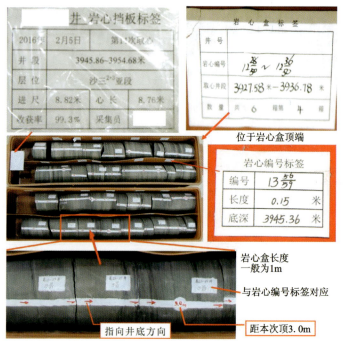

图 1-1 岩心存放及包含信息

长度标记:包括取心进尺(取心钻探中的钻进深度),岩心长度,岩心收获率=岩心长度/进尺。

2. 岩心编号

岩心出筒后,会将丈量完的岩心按井深自上而下、由左向右依次装入岩心盒内,然后进行涂漆编号。一般地,砂岩、灰岩每 20cm 编一号,泥岩每 40cm 编一号。编号用白漆刷在岩心方向线的一侧(一般为上侧),长 3cm,宽 2cm。编号内容包括井名、块号、井段。

块号用带分数表示,整数为取心次数,分母为本次取心的总块数,分子为本块岩心的块号,图 1-1 中 $13\left(\dfrac{56}{59}\right)$ 即表示第 13 次取心共有 59 块岩心,此块是第 56 块。因此,岩心编号为岩心的后续整理和顺序编排(顶底方向)提供了信息。

3. 岩心出筒卡片

每筒岩心的顶底部位都放置填写内容齐全的岩心出筒卡隔板,即顶底卡,也称为岩心牌,填写的信息包括取心回次、取心井段、收获率、层位、日期、人员等。

4. 岩心盒信息

岩心盒长 1m,内放 2~4 排岩心,按岩心深度由浅到深依次自岩心盒左上方向右下方排列。岩心盒的正前面依次有井名、盒号、井段、块号等字样,右侧面为库存货位编码标签。井名为取心井的全名。盒号为本盒岩心在该井所有岩心盒中的编号,其中第一盒和最后一盒要写上总盒数。井段只在第一盒和最后一盒标注,为本井全部取心井段。块号表示本盒岩心的块号。

五、岩心观察的操作流程

1. 基础资料收集

借阅取心井的岩心录井图、完井地质总结报告等相关资料,收集取心层位、筒次、井段、进尺、心长、收获率、出筒时油气显示情况以及取心井所在区域的构造特征、沉积特征等信息。

2. 常用工具准备

岩心观察前,应准备好以下物品:①岩心清理用具,包括水、抹布、毛刷、手套等;②辅助观察用品,包括锤子、尺子、放大镜、5%盐酸等辅助用品等;③结果记录用品,包括记录本、笔、橡皮、相机、标签等。

3. 岩心摆放和再整理

在岩心观察厅(台)按一定顺序和规则摆放。在岩心录取现场,岩心已按照规范进行了整理、测量和编号。在后续的多次观看、采样过程中,岩心均会遭到不同程度的破坏,部分可能缺失,其摆放顺序、正倒关系可能因误操作变得混乱。因此,在每次观察时,需要对岩心进行整理,以确定每一块岩心的位置准确,检查深度和接触关系等——根据方向线、块号、整米和半米标记按顺序找准岩心的位置,对于坚硬成型的岩心查看前后茬口是否对齐吻合。另外,表面有污垢的岩心,需用水、抹布、毛刷清理。对于表面污垢难以清除或者风化严重不能看清岩心真实面貌的,可以将岩心劈开后进行观察描述,但不可损坏岩心方向线、块号、长度等标记。

4. 岩心观察的顺序

习惯上一般是从下到上(由老到新)按岩石的沉积过程描述,也就是从最后一盒的最后一块开始向上描述,这样的好处就是在岩心的观察描述过程中对这口井的取心层段的沉积过程、相序变化过程有一个整体的印象。有时由于工作的需要或个人的习惯,也可以从上到下(由新到老)来描述,即从第一盒的第一块开始,向下进行描述。其中,需要注意的是,岩心摆放的新老顺序告诉了我们观察的顺序,不可颠倒(图1-2)。

5. 分层与深度读取

沉积岩露头实测和岩心观察就是逐步分层描述的过程,其首先面临的问题是合适的分层,而分层的依据在于资料收集所需的精度和岩性特征的变化。要求的精度不同,分层最小厚度不同,1:1 000比例尺野外实测的分层精度是1m;在岩心观察中,一般地,凡长度大于

图 1-2　岩心摆放由浅到深的顺序示意图

30cm 的不同岩性均需分段描述，但对于更大的比例尺，如 1∶50 比例尺分层精度是 5cm。

分层的依据在于地质特征的变化，将在第二章叙述。随后是分层深度准确读取。钻井深度包括不同的衡量方式：补心海拔（kelly bushing，KB）、测量深度（measured depth，MD）、垂直深度（true vertical depth，TVD，针对斜井）、水下真实垂直深度（true vertical depth subsea，TVDSS，在海洋钻探中存在水深，在成岩作用等分析中常常采用该深度，即实际埋深）、真实垂直厚度（true vertical thickness，TVT）、真实地层厚度（true stratigraphic thickness，TST）。岩心读取的深度为钻井过程中读取的深度，与测井深度（或录井图中的深度）往往存在偏差，需要校正以达到两者之间的吻合，这时就需要用到补心高度这一概念。

补心高度是指钻井平台到地面的距离。岩心登录采用的是在钻进过程中获取的深度（钻杆从钻井平台上开始下放，即以钻井平台为基准面）；而测井都是以地面为基准面开始测试的，两者之间就出现了钻井平台本身高度的差异，也就是补心。因此，补心海拔＝地面海拔＋补心高度。

生产井测井有裸眼井测井和套管井测井之分。裸眼井指的是钻台还在，套管还没下或下了部分，测井的对象是没有下套管的井眼，一般测量 9 条常规曲线（自然伽马、声波、电阻率等），此时测井的深度是从钻台面计算的，计算某深度的海拔就需要知道补心高度。套管井测井就是全井都是下套管的，此时钻台已经移走，基准深度是井口，相当于地面，此时计算海拔就需要知道地面海拔。

施工单位给出的补心高度有时并不准确，存在误差，这种情况需根据测井曲线特征加以消除。这种消除误差的过程称为岩心归位，也就是将岩心与测井资料的深度进行匹配。常用的归位方法有两种：①测量岩心的自然伽马，并将它与自然伽马测井曲线进行对比，根据曲线的相似性将岩心的位置校正到测井深度；②利用岩心分析的孔隙度与测井曲线计算的孔隙度进行对比，将岩心按测井深度归位（吴胜和，2010）。实质上，还可以根据测井与岩性或裂缝等地球物理的响应关系进行归位。

6. 岩心描述

描述岩心之前，最好先对整井岩心进行整体观察，在头脑中建立一个整体的印象，然后根据岩心的岩性特征、含油气特征、韵律变化特征等将岩心分段,进行仔细的观察描述。采用拍照、文字描述、素描相结合的方式记录描述岩心。文字描述一定要详细,对特殊、典型的沉积现象应进行素描或拍照。

7. 样品的采集

本书不涉及样品采集的内容(如重矿、粒度、物性分析等),在此强调的是采集的流程,在采集的部位填写深度和放置标记。常常用长度相当的泡沫块放置在采样位置。

六、岩心观察结果记录与编图

我国学者在长期的实践中形成了一套自身的记录和编图方式(表1-1),与当今国外学者存在着不同之处。但是,国际化是撰写国际论文、开展国际学术交流的要求,是不可避免的趋势,建议国内学者采取与国际接轨的方式进行记录和编图。

表1-1 ××井岩心编录原始记录表

岩心编号:　　　　　　　　　井号:　　　　　　　　　共　页第　页

回次号	回次孔深(m)		回次岩心长度(m)	回次采心率(%)	分层号	换层深度(m)	层内岩心长度(m)	岩心描述	备注
	自	至 进尺							
2	1 800.00	1 810.00　10.00	9.50	95.0	1	1 803.20	3.00	深灰色泥岩,水平层理,少量植物碎屑化石……	
					2	1 806.70	3.20	灰白色细砂岩,主要成分为石英、长石,小型交错层理,见油迹……	
					3	1 810.00	3.30	褐色—杂色细砾岩,砾石成分主要为花岗岩岩屑,次圆状,分选差,呈混杂块状,底部冲刷……	
3	1 810.00	1 818.00　8.00	7.20	90.0					

编图包括两方面的内容,即所获取地质内容的表达和图例。

(1)地质内容表达。一个岩心沉积相综合分析的图件一般包括层位、深度、岩性柱、沉积构造、粒度分析、沉积旋回(准层序或基准面)、沉积微相-亚相-相类型、物性、测井曲线、典型岩心照片、描述、图例等要素(图1-3、图1-4)。其中,岩性柱中宽度表征碎屑岩粒度,由此能清晰显示沉积物粒度的垂向变化趋势和沉积旋回特征。

(2)图例。它是由工作人员在科研实践中形成,具有形象化的、易懂的、约定俗成特征的花纹符号,包括岩性和各种物理的、生物的沉积构造,丰富多样。一般采取继承的方式,方便识图。对于特殊的沉积现象,可以由科研人员自己制订。

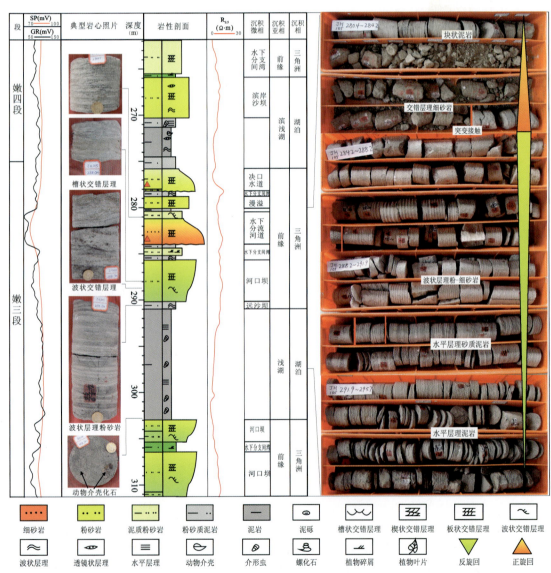

图1-3 ××井岩心沉积相分析综合柱状图

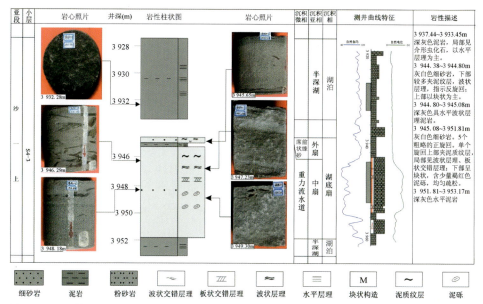

图 1-4　××井 3 933.45～3 937.44m、3 944.38～3 953.17m 段岩心沉积相分析综合柱状图

第二章 露头、岩心观察描述的要点

本章着重介绍露头和岩心观察工作的要点，尤其是提醒工作中容易出现的误区，以便使难得的野外露头和岩心观察高效有序，避免重复工作和现象的遗漏。

一、区域地质资料的收集

一条露头剖面和一口钻井仅仅是一个观察点，所能提供的信息从全盆的角度来讲是十分有限的，尤其是岩心还受到采取厚度的限制。在这种前提下，收集区域资料，了解前人的研究认识，有助于对盆缘背景、物源条件和沉积相类型的理解，并用于露头和岩心沉积相的准确判断。

区域资料包括区域构造演化、盆地类型、盆缘背景、物源条件、充填地层和古气候等。首先，不同的盆地类型具有不同的沉积充填特点，如热沉降成因的克拉通拗陷盆地具有宽缓的几何形态，普遍形成陆相-浅水湖盆，以致沉积相带宽，有利于发育大型浅水（辫状河）三角洲。其次，前人研究报告和地震剖面解释等提供的区域盆地构造样式、盆地地层格架以及盆地演化阶段的认识，对实地沉积相类型的判识和检验具有重要的价值。最后，不同盆缘背景下发育的沉积相类型不同。众所周知，断陷湖盆陡坡带发育扇三角洲、近岸水下扇等粗粒、近源、快速堆积特征的沉积相类型；而缓坡带发育远源、细粒三角洲类型，古近纪泌阳凹陷的发育演化受控于南部和东南部两条控盆边界正断层，其南、东盆缘为深水陡坡背景，发育扇三角洲和近岸水下扇，如长桥扇三角洲；相比之下，北部为缓坡带，在滨浅湖背景下发育多个三角洲，如古城三角洲、张厂三角洲（图2-1）。

因此，如果缺乏对区域地质概况的了解，就难以对岩心观察结果做出快捷准确的判断。反过来，沉积相类型的准确识别，能提供盆缘坡度大小、物源供给的丰富程度、构造活动性等反馈信息，完善盆地充填演化的认识。例如，如果在断陷盆地强烈断陷期断控陡坡带识别出了三角洲沉积相类型，其结果就值得商榷。一个值得注意的现象是，在湖盆中心的暗色泥岩中，常夹薄层粉—细砂岩，具波状层理-波状交错层理，表现为牵引流的沉积特征，但实际上是浊流远端沉积的 T_{c-d} 段，即鲍马序列的波状纹层段至水平纹层段。在这种状况下，如果更多地了解钻井所处的盆地位置，就能减少沉积相类型及沉积作用的误判。

二、分层依据与地层的接触关系

1. 分层依据

合适的分层是露头、岩心观察中首先面临的问题，特别是陆相盆地由频繁的砂岩/泥岩互

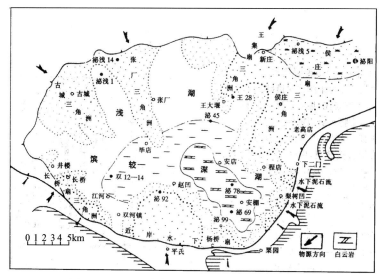

图 2-1　泌阳凹陷核三段沉积相图(据李纯菊,1987)

层组成,或出现较多的泥岩/砂岩薄夹层,以致出现分层的多解性。因此归纳分层的要点如下。

(1)岩石特征的变化是分层的直接依据,具体包括岩石颜色、岩性、结构、构造、含有物和含油性的变化。

(2)特殊岩性段,如煤层、化石、含油岩心、标志层等,即使厚度小于规范要求的分层厚度也需分段描述。

(3)简单岩性与复合岩性。简单岩性是指厚度较大的单一岩性组成。复合岩性为层厚较小的两种或多种岩性组成。如泥岩"夹"薄层粉砂岩,则以主要岩性分层;泥岩与粉砂岩薄互层,则将特征相同的互层组合合并,分为一层。如果出现砂岩、泥岩层厚变化或含量变化,则开始新的分层。因此,在以沉积相识别为目的的岩心观察中,分层不是简单地等同于岩性分层,而是把握岩性组合的规律,这远比细微的岩性划分更加重要。如前三角洲常常以粉砂岩与泥岩的薄互层组成,河口坝为细砂岩夹泥岩组成,此组合特征的变化正是区分这两种微相的依据。

(4)接触关系。不整合、突变接触和侵蚀(冲刷)接触代表了沉积的不连续,是分层描述的依据。

2. 接触关系

接触关系包括多种类型和不同的尺度,所包含的内在成因存在较大的差异,因此进一步介绍如下。接触关系包括渐变接触、突变接触(sharp contact)、侵蚀(冲刷)接触、断层接触等。最大尺度的接触关系是整合与不整合接触。接触关系的判别需要综合上、下岩层特征的变化,包括颜色、成分、结构、构造、沉积相的差异及有无明显的接触面等。

(1)整合/不整合接触。众所周知,不整合面是油气侧向远距离运移的重要通道,能够形成不整合地层油藏,不整合面识别的意义不言而喻。不整合现象,尤其是角度不整合在野外露头上表现比较直观(图 2-2)。但在岩心尺度下,在时间间隔短、不整合级别较低的前提下,不整合面较难确认,只有在深入理解不整合的结构特征的基础上有的放矢,才能准确识别。

图 2-2 库车盆地北缘古近系库姆格列木组与侏罗系角度不整合接触

不整合面有着"三层式"结构(图 2-3):不整合面之上的岩石、不整合面之下的风化黏土层和半风化岩石。其中,不整合面之上常见底砾岩,目前还存在风化残留、水进滞留沉积和河道底砾岩等不同成因解释。风化黏土层也称古土壤,位于不整合面之下,是物理风化和生物-化学风化联合作用形成的细粒残积物,缺乏沉积构造,包括红土层、钙质风化壳、铁质风化壳、铝质风化壳等,风化黏土中常见植物根化石、碳屑和残留石英颗粒,有时因后期水流冲刷而缺失,是识别不整合面的重要标志。半风化岩层,指位于风化黏土层之下的岩石,受到了风化作用的影响,但保持有原岩的主要结构、构造面貌,发育较多裂缝和孔隙,包括构造裂缝、卸荷裂缝、风化裂缝和溶蚀孔隙等。卸荷裂缝大致平行不整合面,因卸荷而形成;风化裂缝与不整合面斜交,由各种风化作用形成。这两组裂缝相互切割连通,组成卸荷-风化裂缝系统,波及深度可达数十米到数百米。与构造裂缝相比,这些裂缝延伸不远,裂缝面不规则,在后期埋藏中不同程度地愈合,往往充填泥质、钙质或硅质而保留其痕迹。不整合的

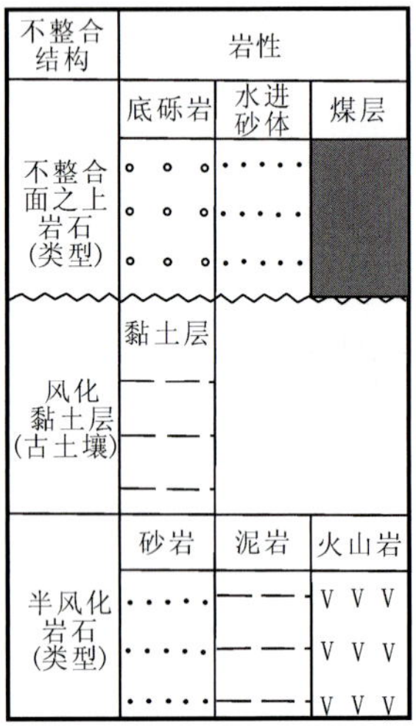

图 2-3 准噶尔盆地不整合结构示意图
(据吴孔友等,2003)

结构为不整合面的识别提供了依据——底砾岩、风化黏土、半风化岩中的裂缝和孔隙。不整合面级别越高(层序地层学划分的一级和二级不整合面),以上标志越明显,现象越突出。另外,地层岩性不同,不整合面的结构特征存在差异(岩心图版 1~2;露头图版 1)。最常见的就是碳酸盐岩地层不整合形成溶洞。

(2)侵蚀(冲刷)接触。表现为岩性突变且见明显起伏的接触面,指示下伏岩层遭受冲刷、侵蚀形成起伏冲刷面或凹坑(图 2-4)。局部上覆岩层中见冲刷形成的岩屑砾石,最典型的是河流沉积的底面为明显的冲刷面和之上的滞留砾石组合,在河流和三角洲分流河道沉积中一些紫红色泥砾源自下伏地层侵蚀;在三角洲水下分流河道沉积的底部常见深灰色泥砾,来自下伏湖相或水下分支间湾泥岩。另外,在海底扇重力流水道沉积的底部也见陆坡沉积遭受冲

刷、坍塌成因的泥砾。

（3）突变接触。岩性突变但接触面较平直，粒序上存在明显跳跃，如粉砂岩上覆粗砂岩，表明水动力能量的突变增强，但并不存在强烈冲刷以致地层的缺失。

（4）渐变接触。粒度变化幅度小，粒序缺乏大的跳跃，区分为向上变细和向上变粗2类。渐变的方式包括单一大类岩性的粒度变化和复合岩性的组合特征变化，并与之伴随的单层、纹层、沉积构造类型和规模的变化。单一大类岩性的粒度变化如在曲流水道沉积中，常见沉积物粒度由底部砾岩至粗—中砂岩、细砂岩、粉砂岩的变化；同时，砂岩层厚向上减薄，沉积构造由大型槽状交错层理→楔状交错层理→板状交错层理→小型波状交错层理的变化。复合岩性的组合特征变化在三角洲前缘表现突出，其远沙坝—河口坝沉积由砂岩与泥岩组成，呈反旋回序列，表现为砂岩向上变粗和增厚，而泥岩减薄和减少的变化。沉积构造由透镜状层理→波状层理→波状交错层理→板状-楔状交错层理的变化。

a   b   c   d

图 2-4 岩心中的冲刷接触关系

a.上部砂岩底部为冲刷面；b.岩心上部油浸；c.下部向上渐变细；
d.细砂岩底部冲刷，下部含灰黑色泥砾

三、露头-岩心观察描述的内容和要点

简单地说，露头和岩心所能观察到的地质现象就是描述的内容，但所能获取地质信息的数量和质量与观察人员的认知能力有关，需要从业人员努力积累和丰富自身的知识和经验。简洁、科学地把现象和认识叙述清楚，避免描述的口语化，掌握专业术语是必不可少的。必需按照规范和远近亲疏关系依次描述，并尽量由定性向定量化转变，如砾石的砾径、不同岩性的厚度和比例、化石的大小、裂缝的产状、延伸长度和宽窄等定量化信息。以下是其主要描述内容。

1.定名

采用颜色＋含油、气、水产状＋含有物＋岩性（岩石粒度定名），如"灰白色含砾粗砂岩"。其中，颗粒含量大于50%定为基本名；含量25%～50%定为"质"，如"砂质泥岩"；含量在10%～25%之间定为"含"，如"含砾细砂岩"；含量小于10%不参加定名。

2.颜色

自然光下岩心干燥新鲜面的颜色,是岩石最醒目的标志,它主要反映岩石内矿物的成分和沉积环境。实际的岩石定名时,把颜色放在最前面,以作为鉴定岩石、判断沉积环境、地层分层和对比的重要依据。在岩心观察时,须将岩心放在亮处,以劈开岩心的干燥新鲜面为准。对应于受氧化程度减弱的趋势,沉积物的颜色由紫红→褐红→褐灰→灰绿→浅灰→深灰→灰黑→黑色变化。

在碎屑岩地层中,钻井取出岩心为砂岩、砂泥混合(过渡性)岩和泥岩3种,其颜色可因其颗粒成分、胶结物、含有物及沉积环境不同,呈现不同的颜色。

单一颜色:即一种颜色,如灰色、白色等。在描述其颜色时,常在颜色前加形容词来说明颜色的深、浅,如浅灰色、深灰色等。

混合颜色:是指两种颜色较均匀分布在岩石内,往往其中一种较突出,另一种次之。描述时将主要颜色放在后,次要颜色放在前。如"灰白色粉砂岩",是以白色为主,灰色次之。

杂色:一般由3种及以上颜色混合组成,各自呈不均匀分布,如斑块、斑点和杂乱分布,往往以某一种颜色为主,其他颜色杂乱分布,具有杂色的岩性一般多为泥质岩类。

砂岩颜色会受到含油的影响,除含稠油、氧化的油和轻质油的岩心外,一般其颜色深浅能体现含油饱满程度:含油饱满颜色较深,呈棕色、褐色和棕褐色等;含油不饱满颜色较浅,呈浅棕色、棕黄色等。岩心从地下取出,其颜色新鲜。相比,露头暴露在地表环境,长期遭受风化淋滤,此时就需要描述新鲜面颜色和风化颜色。与新鲜面颜色均匀不同,风化颜色一般呈星点状、斑块状,局部形成类似叶片的假化石,需要注意区分。

3.成分及含量

成分包括颗粒矿物成分和胶结物等。描述矿物时可用"为主""次之""少量""微含""偶见"等表示其含量的多少,如石英为主,长石次之。常见的胶结物有泥质、钙质、硅质、铁质等。

4.结构

结构是指岩石的组成颗粒的大小、形状以及颗粒之间的组合关系,包括颗粒的粒级、分选、形态、排列、支撑机制和表面结构等。

5.沉积构造

沉积构造主要是指层理、层面特征、地层倾角及其他特征(如擦痕、裂纹、裂缝、错动等)。

6.接触关系

接触关系是指上、下岩层的接触关系,如渐变接触、突变接触、侵蚀(冲刷)接触、断层接触等。它的涵义是可区别于整合、平行不整合、角度不整合等地层的接触关系。

7. 化石

化石的描述包括种类、颜色、大小、纹饰、形态、数量、产状和保存等。

(1) 化石的种类及其生活习性能指示沉积环境、古地理和古气候。我国东部古近纪断陷盆地中常见的生物化石有介形虫、叶肢介、螺、蚌、鱼、骨化石碎片,以及植物的根、茎、叶或碳化植物等。

(2) 化石的产状是指化石分布是否平行于层面、垂直于平面、倾斜或杂乱等排列的形式,这种分布对环境具有启示作用。

(3) 大小则主要是指化石的高、宽、长和直径等数据。

(4) 化石形态是指化石外形特征,如纹饰、清晰程度和形状等。

(5) 数量:化石数量多少可用"偶见""少量""较多""富集"等词表示。

(6) 保存情况:化石保存的完整程度,可按保存完整、较完整、破碎、或介于二者之间进行描述。保存情况反映了沉积环境的水动力特征,如滨岸带生物介壳受到波浪的反复改造,形成特征的介壳滩;深湖环境生物保存非常完整,甚至可见绞合很好的双壳化石、较完整的鱼类化石等。

8. 含有物

含有物主要包括结核、团块、漂砾、条带、矿脉、斑晶及特殊矿物等。描述时应注意其名称、颜色、数量、大小、分布特征以及与层理的关系。

9. 物理性质

物理性质主要有硬度、断口、光泽、气味、风化程度、可塑性、可燃性、透明度等。

10. 化学性质

化学性质主要指岩石遇稀盐酸(浓度5%~10%)时的反应程度,常标识为:HCl+++强烈;HCl++,中等;HCl+,弱;HCl−,无反应。

11. 裂缝

裂缝不属于沉积学的范畴,但对油气成藏意义较大,因此成为岩心观察的重要内容。观察内容包括:①裂缝产状,水平、高角度、低角度;②裂缝宽度;③裂缝密度,条/m;④充填物,钙质、泥质充填、次生晶体;⑤性质及运动学特征,正/逆、张性、压性、剪切、成岩收缩缝;⑥发育时间和期次,同沉积、后期;可根据交切关系判断活动期次、形成早晚等。

12. 含油情况

含油情况主要包括含油颜色、饱满程度、含油产状、原油性质、含油面积等。碎屑岩岩心含油气级别分为饱含油、含油、油浸、油斑、油迹、荧光6个级别。

第三章 沉积相识别的依据与思维方式

本章介绍沉积相的识别,包括识别的依据和思维方式。沉积物的结构、沉积构造和沉积旋回蕴含着沉积物搬运-沉积过程和搬运介质水动力状态的信息,是沉积相判识的直接证据。特别地,不同的沉积过程和沉积环境可以形成相似的纹层和沉积构造,沉积构造与沉积环境是一对多的关系。不过,确实存在一些沉积构造与沉积环境是一对一的关系,沉积构造的识别过程就成为了沉积相的判识过程。另外,旋回性是沉积岩的典型特点,沉积物粒度的规律性变化——沉积序列是沉积岩中的一个引人注目的现象,这种趋势由其内在的沉积过程决定,因此也是沉积相识别的重要依据。

一、沉积物的结构

沉积物的结构(texture)是指岩石的组成颗粒的大小、形状以及颗粒之间的组合关系,包括颗粒的粒级、分选、形态、排列、支撑机制和表面结构等。

(1)粒度。用颗粒直径的大小来表征,能反映沉积环境的水动力特征和搬运距离。粗碎屑反映的水动力高,泥岩则沉积于低能环境;碎屑颗粒粒径随着搬运距离的增加而逐渐减小。值得注意的是,灰岩中鲕粒和球粒粒径随着水动力能量和搬运距离增加而增大。

(2)颗粒形态。用颗粒的长轴、中轴和短轴的比值来表征,包括圆度和球度2个参数(图3-1)。圆度是指棱角被磨圆的程度,分为圆状、次圆状、次棱角状和棱角状4个级别。球度用于描述颗粒接近于球体或等轴体的程度。两者均可体现颗粒的搬运距离和改造程度。

(3)分选。采用粒径与平均粒径的标准偏差来度量,一般分为非常好、好、中等、差4个级别,反映颗粒的淘洗和改造程度。快速堆积的岩石颗粒分选较差。

(4)颗粒的排列(fabric)。沉积物中常见颗粒平行于层面的定向排列。长条状颗粒的定量排列是沉积岩中备受关注的内容,包括顺层排列(如砂质碎屑流沉积)、叠瓦状排列、无序排列(无优选方向)、直立且突出层面(泥石流沉积)、放射状和倒"小"字形(风暴沉积)等。叠瓦状由板条状颗粒叠置形成,颗粒的上倾面朝向上游,见于河流沉积的底部。

(5)支撑类型。包括基质支撑和颗粒支撑。基质支撑是泥质碎屑流沉积独有的支撑类型。

(6)颗粒的表面结构。砂级和砾级颗粒的表面或光滑、或粗糙(如风成砂颗粒表面毛玻璃化或霜面)、或出现撞击痕(如海滩砂和河流砂)、或擦痕(如冰川沉积),可反映不同的沉积环境和沉积作用。

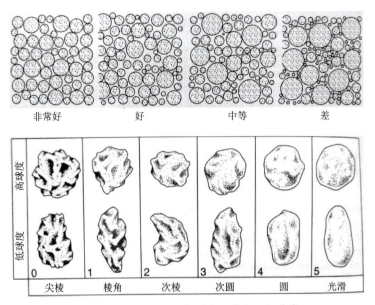

图 3-1 分选性(上)、磨圆度和球度(下)分类

无疑,沉积颗粒的结构对沉积环境具有较大的启示,是露头-岩心观察和描述的重要内容。典型地,分选性、磨圆度能反映盆缘坡度的大小、沉积物搬运距离远近、沉积速率高低。扇三角洲→辫状河三角洲→三角洲中沉积物分选性、磨圆度呈现递减的序列。泥石流沉积的砾岩砾石分选差,排列无定向,甚至垂直于层面直立,基质含量高;扇三角洲沉积砂岩的颗粒呈次圆状,大小混杂,分选极差,反映了洪水型水流搬运和快速堆积的特点(图 3-2)。

图 3-2 扇三角洲沉积的岩石结构特征

二、典型沉积构造辨析

沉积构造类型丰富多样,具有不同的分类标准,容易混淆(表 3-1)。如海滩冲洗交错层理,是以成因机制划分的沉积构造类型,从几何学划分,它属于板状交错层理。沉积构造成因

类型对沉积环境启示意义明显,也是沉积学分析所追求的目标,但大多沉积构造尚不能用成因机制来划分。本节主要对不同分类方案、容易混淆的沉积构造类型进行辨析。

表 3-1 典型沉积构造汇总表

物理构造				化学构造	生物构造	
流动构造	表面痕迹	波痕、细流痕、剥离线理、干裂、雨痕、冰雹痕		结晶构造	晶痕、假晶、鸟眼、示顶底构造	生物遗迹构造	足迹、爬迹、停息迹、潜穴、钻孔
	底面印痕	槽铸型、沟痕、纵向脊、工具痕、弹跳痕		压溶构造	缝合线、叠锥、结核		
	层理	简单层理	交错层理（板状、楔状、槽状）			生物扰动构造	
			爬升波痕层理（同相位、迁移型）				
			正、反递变层理（粒序递变、粗尾递变）				
			水平层理				
			平行层理				
		复合层理	脉状、波状、透镜状层理			生物生长构造	叠层石
			砂泥互层层理				
			韵律层理				
准同生变形构造	负载构造、球状-枕状构造、旋转层理、滑塌构造、砂岩墙、碟状构造						

1. 侵蚀冲刷构造类

侵蚀冲刷构造是一种层面构造,由水流侵蚀或沉积负荷形成,包括上覆岩层底面的印模、岩层面的凹痕,以及呈倾斜或近平行切入下伏沉积单元的侵蚀槽。根据规模还可区分为中小型和大型 2 类。中小型侵蚀构造包括以下类型。

细流痕(rill marks)是周期性暴露于地表的砂质或粉砂-泥质斜坡,在地表径流冲刷侵蚀下形成的一种小型枝网状沟道(图 3-3)。

图 3-3　现代海滩冲流痕和障碍痕(镜头盖直径 6.5cm)

沟-脊痕(furrows and ridges),又称为纵向痕(longitudinal scours),是表层沉积物在低速水流作用下形成的一种侵蚀槽,与水流方向平行。

压刻痕(tool marks),又称工具痕,是水流携带物(如砾石、介壳)撞击或刻蚀沉积物层面形成的印痕,包括跳跃痕(skip marks)和弹跳痕(bounce marks)等。

障碍痕(obstacle scours)是水流作用于床沙底部较大的静止物时,在其周围形成的新月形或马蹄形凹槽(图 3-3)。

槽痕(flutes)和沟横的形成与障碍痕相似,但与障碍物无关(图 3-4)。槽痕又称槽铸型,具有特征的(一头)窄深—(一头)宽浅的几何形状,因而能指示水流方向。

冰川擦痕(glacial striations)和冰蚀痕(pluck marks)是活动冰川层携带的碎屑对下伏岩层摩擦侵蚀形成的。大型侵蚀构造还包括滑移-滑塌侵蚀面(slide/slump scars)和不整合面等。

图 3-4　重力流沉积底面沟痕

2.波痕类

波痕类包括水流波痕、浪成波痕和风成波痕,三者的区分无疑对 3 种环境判别具有直接意义。它们在波痕指数(RI-ripple index,波长与波高的比值)、对称指数(RSI- ripple symmetry index,其值是迎流面在水平方向上的投影长度与背流面在水平方向上投影的比值)、波脊的分叉-合并特征和内部结构上存在差异(表 3-2)。

表 3-2 波痕的成因类型及特征

特征	类型		
	水流波痕	浪成波痕	风成波痕
形态	RI>15,RSI>3.8	RI<15,RSI<3.8	10≤RI≤70
波脊	不规则或弯曲的,无分叉	较规则,直脊,分叉	直、长且平行
内部构造	直线形、切线形和"S"形前积纹层,不对称,粗颗粒滚落形成底积纹层	"人"字形、束状纹层,对称或不对称	粗粒在波脊,细粒在波谷,其原因在于风带走了细颗粒,粗颗粒滞留在波脊部位

一般地,风成波痕指数＞流水波痕指数＞浪成波痕指数。浪成波痕指示滨浅湖或浪控滨海环境,具有对称性好、波脊频繁分叉-合并特点,浪成波痕的内部结构就是浪成波纹交错层理。具有"脊尖谷圆"独特形态的波痕是一种典型的浪成波痕,属振荡性波浪成因。值得注意的是,现在的文献中普遍使用水流波痕为例讲述波痕的结构,如前积纹层是水流波痕的典型特点,但浪成波痕中的纹层结构与之并不相同(图3-5)。

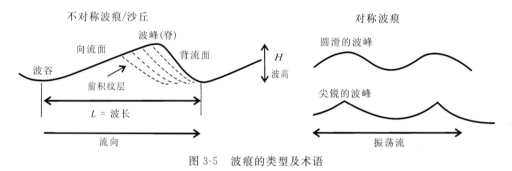

图 3-5 波痕的类型及术语

3. 层理类型

层理类型丰富多样,且根据形态和成因具有不同的命名方式,需要加以充分理解,尤其是一些成因类型的层理具有与沉积环境一一对应的关系,对沉积相的判识具有重要的指示意义。

层理的发育实质上就是不同时期底型迁移叠置的结果。最常见的是水流作用于沉积物表面,形成底型,这些底型就是沉积物的表面构造,如波痕。与水动力的流态相关,波痕有着顺直、波状、菱形和舌形等不同的形状,它们的多期叠置形成了不同的层理构造。此外,单向水流(如河流)与振荡性水流(如波浪)形成的层理内部纹层的不同,也就产生了板状、楔状和槽状交错层理和浪成波纹交错层理等层理类型(图3-6)。

在不同沉积相的垂向序列中,层理类型也是规律性出现的,如曲流河的沉积序列中,随着沉积物粒度自下而上变细,层理由槽状交错层理—楔状交错层理—板状交错层理—波状交错层理—水平层理的变化;三角洲远沙坝—河口坝沉积的反旋回序列,层理构造自下而上由水平层理—波状层理—波状交错层理—板状-楔状交错层理变化。

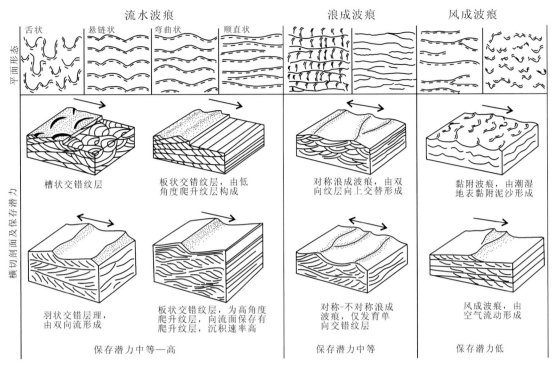

图 3-6 不同类型波痕及交错层理的对应关系

(黑色小点为背流面,浪成波痕两侧均有黑色小点)

(1)水平层理与平行层理。两者均表征与层面平行的纹层结构,在实际应用中容易混淆。但在内涵上,两者所表征的沉积物的岩性组成和水动力强度(流态)存在较大差别(图 3-7)。水平层理(horizontal lamination)由相互平行且近于水平的泥—粉砂质纹层构成,纹层厚 1~2mm,反映的水动力能量低,对应为低流态和下平底的底型。相比而言,平行层理(parallel bedding)由相互平行且近于水平的沙质纹层构成,纹层厚 1~2mm,其沉积物粒度粗,普遍发育在细砂岩及以上粒级的沉积物中,反映的水动力能量高,对应为高流态和上平底的底型,如鲍马序列的 Tb 段。

(2)波状层理、波状交错层理和爬升波纹层理。波状层理和波状交错层理均具有波状的纹层结构而容易混淆,但两者在基本概念上差别明显。波状交错层理与爬升波痕层理(纹理)两者均由单一岩性组成,均具有波状纹层结构而容易混淆。

波状层理属复合层理类型,最典型的是由砂岩与泥岩两种成分组成,且两者在岩层内连续分布不中断,反映了高能与低能水动力的交替作用(图 3-8)。该类沉积构造常出现在三角洲河口部位,河水流带来的砂质沉积与平水期湖相泥质沉积交替,形成广泛发育的波状层理;潮坪环境的涨潮-退潮与停潮-平潮期的交替,波状层理也是潮坪环境的标志性沉积构造。

波状交错层理属简单层理,表征层理面不规则、内部纹层与界面平行或斜交的层理类型。一般地,波状交错层理的规模较小,多为小型交错层理。波状交错层理的特点是层理面和内部纹层的不规则。

爬升波痕层理的纹层结构的规律性明显——波痕向一侧逐渐迁移、同时向上生长,其形

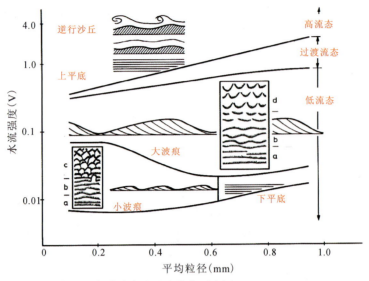

图 3-7 底形随水流强度演化示意图(据 Simons,1965)

图 3-8 波状层理

成条件是:沉积物供给丰富,向流面纹层能够保留下来,波痕向上生长。爬升波痕层理可进一步细分为:①同相位爬升波痕纹理(climbing ripple lamination in-phase),后一波痕直接盖在前一波痕之上,前后波痕在水平方向上的位移很小,向流面和背流面纹层的厚度近于相等。②迁移型爬升波痕纹理(climbing ripple lamination in-drift),后一波痕盖在前一波痕之上,但前后波痕在水平方向上有明显的位移,向流面和背流面纹层的厚度不相等。向流面和背流面纹层都发育,称为Ⅰ型;仅背流面纹层保留下来,向流面纹层没有保存下来,称为Ⅱ型(图 3-9)。爬升波痕纹理常发育在河流天然堤和海底扇重力流水道天然堤,鲍马序列的 Tc 段常发育较典型的爬升波痕纹理。

(3)板状交错层理、楔状交错层理、槽状交错层理。三者均属于单向水流成因,对各种水道类沉积相,如河道、三角洲分流河道的判识具有重要指示意义。该类沉积构造往往具有规

图 3-9　爬升波痕纹理

模大、在岩心尺度下难以区分的特点,但依据 3 种沉积构造几何形态的差异,在岩心中还是能找到一些痕迹。除沉积物粒度之外,板状交错层理纹层和层面均为面状,可见少量的层面与纹层面之间的小角度交切。楔状交错层理见平直和弧形两种纹层,分别对应层面和纹层面;槽状交错层理常见下凹的、相互交切的弧形纹层(图 3-10)。另外,交错层理规模的大小表现为沉积物粒度的粗细和纹层的厚薄,大型交错层理形成的纹层厚度大,可达厘米级。在粗碎屑沉积中,交错层理规模大,纹层往往不清晰,需要注意砾石或粗碎屑的顺层排列显示交错层理,并与块状砂岩加以区分。

(4)水流波纹交错层理与浪成波纹交错层理。水流波纹交错层理代表了单向水流成因,从几何形态划分,包括板状、楔状、槽状交错层理。浪成波纹交错层理(wave-generated cross bedding)属波状交错层理的成因类型,由波浪波痕迁移而成,指示滨湖或滨海环境,与一般波状交错层理的差别在于其内部结构的特征,也是其主要识别依据,包括:①交错层底界面不规则或呈波状;②前积纹层通常由成组排列的交错纹层组成,具有呈束状叠置的特点;③前积纹层有时具"人"字形构造;④倾斜的前积纹层往往越过波谷再延伸到相邻波痕的另一翼上,有时达到相邻波痕的顶部。具浪成波纹交错层理的岩层层面发育浪成波痕构造(图 3-11)。

(5)海滩冲洗交错层理与沙丘交错层理。海滩冲洗交错层理(beach cross bedding)由沉积物沿海滩倾斜面的迁移和冲洗形成的,其纹层倾角小,沉积物的分选、磨圆好,富含介壳碎片,成分和结构成熟度高,矿物以石英为主,普遍为石英砂岩(图 3-12)。

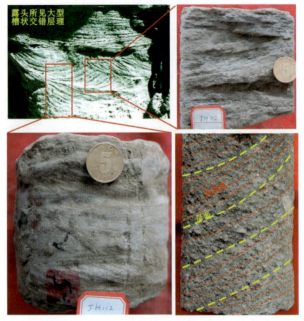

图 3-10　槽状交错层理解译
（露头槽状交错层理用于比较两个尺度下的纹层结构特征）

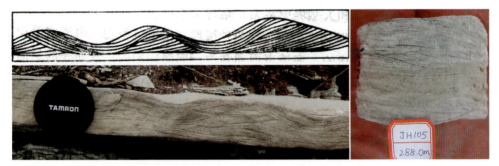

图 3-11　浪成波纹交错层理示意图（左上，据伯斯马，1970）、露头（左下）及岩心照片（右）

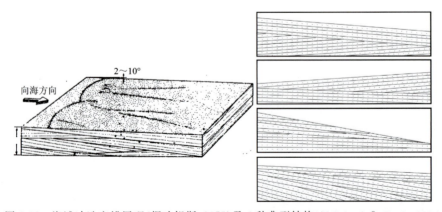

图 3-12　海滩冲洗交错层理（据哈姆斯，1975）及 4 种典型结构（据 Reineck & Singh，1980）

沙丘交错层理(sand dune cross bedding)由沙丘的迁移和崩塌所成,首要特点是纹层倾角大,可达 30°～40°,其成分、结构成熟度更高,还具有沙漠漆(也称霜面)、粗粒分布于波脊等独特特征(图 3-13)。

图 3-13 沙丘交错层理

(6)波状层理、脉状层理与透镜状层理。三者均属于复合层理类型,由砂泥交替沉积形成,因此也反映了两种能量的交替,如潮坪沉积的涨潮期和退潮期砂质沉积、停潮期和平潮期泥质沉积。脉状、波状、透镜状层理的砂质含量依次减小,体现了沉积环境总体能量由高变低的趋势。

3 种层理类型最典型发育在潮坪环境(图 3-14),在厘定该环境时,应注重层理内部方向相反的前积纹层,对应于涨潮和退潮成因。另外,潮坪环境还需要结合双黏土层、潮汐束状纹层等综合分析(图 3-15)。

以上 3 种类型也在河流边缘、三角洲前缘、浪控临滨、浅湖、深水扇的外扇等多种环境出现,尤其是类型单一、厚度不大时,需要与沉积旋回、其他同生沉积构造等综合厘定沉积环境。特别地,深水扇的外扇席状朵叶沉积的砂层薄,普遍由鲍马序列的 Tc-d 段组成,因此表现为波状层理、透镜状层理的样式,容易识别为牵引流沉积,造成沉积相大类判识的重大错误。

(7)波状交错层理与丘状交错层理。丘状交错层理(hummocky cross bedding)属波状交错层理的成因类型之一,具有单一砂质岩性组成和波状起伏的内部纹层构造,普遍认为是风暴浪成因,是风暴岩和风暴活动的重要识别依据。该层理的下界面一般为侵蚀面;纹层与下界面平行或大致平行;一个交错层中

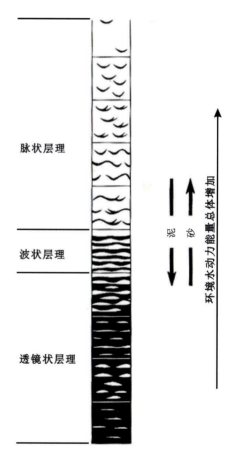

图 3-14 波状层理、脉状层理、透镜状层理分类示意图

(据 Reineck & Erlich,1968 修改)

图 3-15 潮坪沉积中发育的波状层理和透镜状层理

纹层有时系统地侧向变厚,形成丘状;在平面上呈现出一个个圆丘形状(图 3-16)。

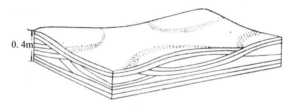

图 3-16 丘状交错层理立体示意图(据沃克,1979 简化)

一般的波状交错层理内部纹层结构的规律性差。在岩心尺度下,识别丘状交错层理存在一定的难度。风暴沉积还出现底部冲刷面和泥砾沉积,可以互为佐证。

4. 旋转纹理与滑塌构造

两者均属于准同生变形构造,多发育于快速堆积、沉积坡度较大的盆地背景,如三角洲前缘、斜坡带等。在这种背景下,受重力、上覆岩层的承压作用和地震的振荡等联合作用,造成未固结的沉积物发生液化变形,因此也常常作为地震活动的一种标志。在观察中需要注意,该变形层之上和之下的未变形岩层,指示中间变形纹层属准同生变形性质,而不是后期构造活动所致。

进一步地,旋转层理或纹理(convolute bedding)指沉积纹理发生变形和褶皱,但纹理仍是连续的,没有被错断(图 3-17,图 3-18)。旋转纹理的成因是一个备受关注的问题,结合物理模拟实验,该层理是在水的卷入和排泄不畅的前提下,岩层内部出现超压和密度倒转而最终形成的。

滑塌构造(slump structures)指沉积物纹理发生褶皱变形,并伴有滑塌面、小型重力断层和角砾化现象(图 3-19)。

5. 结核类

结核(nodules or concretions)是有别于基质的斑块状胶结体,呈规则状或不规则状分布于基质局部。结核大小不一、形状各异。

图 3-17 旋转纹理

图 3-18　旋转纹理（据李思田，1996）

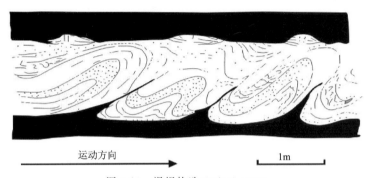

图 3-19　滑塌构造（据赛利，1982）

按照形成时间，区分为同沉积结核和成岩期结核，分别形成于同生沉积阶段和埋藏成岩阶段。两者的识别依据在于：前者的沉积纹层围绕同沉积结核分布，即表现为绕过结核的现象，能记录沉积盆地水体的特征；后者的沉积纹层被结核中断，这是成岩结核期的特点。典型结核类型包括：①钙质结核或结壳，较为常见，尤其是在泥岩、砂岩或土壤中，在土壤中常表现为结壳层。②菱铁质结核，常见于陆相或微咸水环境沉积的富有机质泥岩中。③黄铁矿结核，常见于富有机质的海相泥岩中。④磷灰石结核（胶磷矿），常见于富有机质的海相泥岩中。宜昌秭归地区陡山沱组二段和四段由碳质页岩组成，有机质含量高，当今已认证为页岩气产层，两套地层均含同沉积硅鳞质结核，是这两套地层的标志性特征（图 3-20）。其中，陡山沱组二段所含结核个体小，粒径 1cm 左右，俗称"围棋子状"结核；陡山沱组四段所含结核个体大，粒径较大，可达 70cm。此外，在寒武系水井沱组碳质页岩也发育少量的该类结核。⑤石膏-硬石膏结核，常见于蒸发岩地层的泥岩和土壤中。⑥硅质结核，常见于碳酸盐岩地层中，具有热水成因等不同解释。

6. 生物沉积构造

（1）植物根、茎、叶片化石。岩心描述中常见"植物根、茎、叶化石"。实际上，植物根、茎属植物的不同部分，在岩石中具有不同的产出状态，植物根、茎、叶化石所代表的沉积环境意义也截然不同，需要加以区分（图 3-21）。植物根属于原地生长，具有形态不定、分叉和垂直于层

图 3-20　宜昌秭归地区陡山沱组二段(左)和四段(右)碳质页岩含硅鳞质结核

面等特点,指示陆上至滨岸浅水环境。植物茎可以随水流漂浮很远,可出现在滨-浅湖环境,因此植物茎化石常常非原地形成,环境意义相对小。植物叶片存在的完好程度能体现搬运的远近,泥潭沼泽沉积中常见保存完好的植物叶片化石。另外,实际工作中还容易将沥青膜误解为植物化石,需注意植物根、茎、叶化石中见茎脉、叶脉等结构,而沥青缺乏该特点。

图 3-21　岩心中的植物根(左上)、茎(右上)和叶片(下)化石

(2)生物的潜穴、钻孔、遗迹和生物扰动构造。潜穴(borrowing)表征生物因生存或寻找食物、在松散沉积物内(未固结的沙和泥)所形成的孔洞。钻孔(boring)表征生物因生存或寻找食物而在坚硬岩石内(固结的沙和泥)所形成的孔洞。遗迹(traces)是指由于动物活动在沉积物表面形成的痕迹,如停息迹(resting traces)、爬行迹(crawling traces)、寻食迹(browsing traces)等。其中,潜穴需要注意与砂岩脉区分。

以上生物活动对沉积环境具有较大的启示(图 3-22):①与水深的关系。一般地,浅水环境发育垂直潜穴和简单潜穴系统;深水环境发育水平潜穴和复杂潜穴系统。②与颗粒大小的关系。在高能环境,水动力强度大,沉积物较粗,生物构造不发育。③与沉积速率的关系。在快速堆积环境中,不利于生物的繁衍,也不利于生物扰动构造的发育;在缓慢堆积环境中,有利于生物扰动构造的发育和生物遗迹的保存。④与水体含氧度的关系。富氧水体有利于生物繁衍及生物扰动构造的发育。

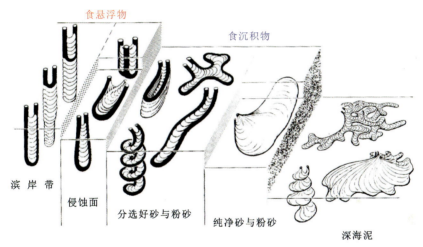

图 3-22 生物潜穴与沉积环境的关系

生物扰动构造是沉积物受随机的、无序的植物或动物活动扰动后保留下来的一种沉积构造,表现为沉积纹层被打断、原有的砂泥岩互层分布被混合、局部的斑块、少量存在生物潜穴和其他痕迹等识别依据,多发生在较细粒沉积中,即有利的生物活动场所,如泥坪-混合坪、三角洲前缘和下临滨带等。Tucker(1996)根据沉积物中原生沉积组构的保留程度、生物潜穴构造的密集度和叠置程度,将生物扰动作用强度划分为 6 级(表 3-3),提出了生物扰动指数的概念。一般地,由于还原环境不利于生物活动,生物扰动强度还代表了水体的还原程度。

三、沉积构造与沉积环境的对应关系

对沉积相的识别,我们始终强调综合沉积构造、岩性组合、岩石结构、垂向序列等各种成因标志,而仅仅以一种成因相确定沉积环境是不可取的。不过,确实存在少数成因独特的沉积构造与沉积相之间存在一一对应关系,往往将这些层理类型按成因命名,如海滩冲洗交错层理、水道充填交错层理、浪成波纹交错层理、鱼骨状交错层理等(表 3-4)。因为对沉积相判识的重大意义,在实际工作中需要加强对该类沉积构造的认证。

表 3-3　生物扰动指数划分（据 Tucker,1996）

级别	百分比(%)	扰动现象及特征
0	0	无生物扰动现象
1	1~4	生物扰动构造极少,层理清晰,生物活动痕迹零星分布
2	5~30	生物扰动作用弱,层理清晰,生物活动痕迹密度低,逃逸迹可能较多
3	31~60	生物扰动作用中等,层理边界清晰,生物活动痕迹分散,极少重叠
4	61~90	生物扰动作用强,层理边界模糊不清,生物活动痕迹密集,重叠普遍
5	91~99	生物扰动构造密集,层理边界普遍遭破坏,仅隐约可见;生物活动再改造,后期潜穴分散分布
6	100	生物扰动作用彻底,沉积物反复遭生物活动破坏,改造彻底

表 3-4　典型沉积构造及与沉积作用、沉积环境的对应关系

沉积构造	沉积作用	沉积环境
浪成波痕	波浪(临滨)	浪控海岸
风成波痕	—	(沙漠、海岸)风成沙丘
水流波痕	单向水流	河流、分流河道、水下分流河道
泥裂	快速蒸发脱水、收缩	陆上暴露、炎热干旱气候
水下收缩裂纹(龟裂纹)	水体咸化或变浅	碳酸盐岩潮坪
渠模	风暴涡旋作用	滨-浅海、滨湖-半深湖
槽模	浊流	深水扇中扇-下扇
波状-脉状-透镜状层理、双黏土层、潮汐束状体	潮汐	潮坪,并以混合坪发育最佳
丘状交错层理、洼状交错层理	风暴回流的振荡或涡旋作用	滨-浅海、滨湖-半深湖
冲洗交错层理	波浪(前滨,冲流-回流带)	浪控海岸、湖泊滨岸
浪成波纹交错层理	波浪	浪控海岸临滨、湖泊滨浅湖
双向交错层理(也称为鱼骨状交错层理)	潮汐(涨潮流与退潮流能量相当,一般发育在低潮坪)	潮控海岸——潮坪
沙丘交错层理	风成作用	(沙漠、海岸)风成沙丘
正粒序递变	浊流	深水扇
粗尾递变	碎屑流	深水扇、冲积扇
滑塌构造	重力滑塌作用	山前、三角洲前缘、陆坡等高坡度环境

此外，层理的规模是水动力能量大小的重要判识依据。但岩心尺度小，地层的层面难以识别，对砂岩层的层厚也不易把握，这种条件下，纹层厚度成为有用的指标。大型层理往往具有较大的纹层厚度，且发育在粗粒沉积中，如辫状河心滩沉积。

四、沉积旋回和沉积序列

不同的沉积相具有不同的沉积序列，也是沉积相识别的重要依据。沉积岩层或沉积相在垂向上常常呈现规律性变化或周期性，这种垂向变化又称为相序或沉积序列。依据规模、尺度以及持续时间的不同，可区分为不同级次的粒度变化，如粒序、沉积旋回、序列、层序等。露头、岩心观察中应充分理解沉积旋回或垂向序列的成因机制、岩石记录的规模——对应地层厚度，才能避免将不同级次的沉积旋回或垂向序列混为一团，减少沉积相识别的错误。

1. 粒序

最小的尺度就是粒序（graded beds or grain-size trend），往往形成粒序层理，通常分为正粒序和逆粒序，前者粒级向上变细，后者粒级向上变粗。粒度的变化往往伴随着沉积物成分和颜色的变化，有时还伴随着沉积构造的有序变化（图 3-23）。粒序对应于层理级别，如递变层理和大型交错层理内部存在粒度变化。递变层理（graded bedding）是重力流识别的重要依据，内部缺乏纹层，仅有粒度变化趋势显示，包括正递变（normal graded bedding）、反递变（reverse graded bedding）、粒序递变（distribution graded bedding）和粗尾递变（coarse-tail graded bedding）。正递变层理标识粒度向上变细，普遍由一次浊流事件产生。大型槽状交错层理内部纹层常见正粒序变化，显示间歇性的洪水搬运-沉积机制。

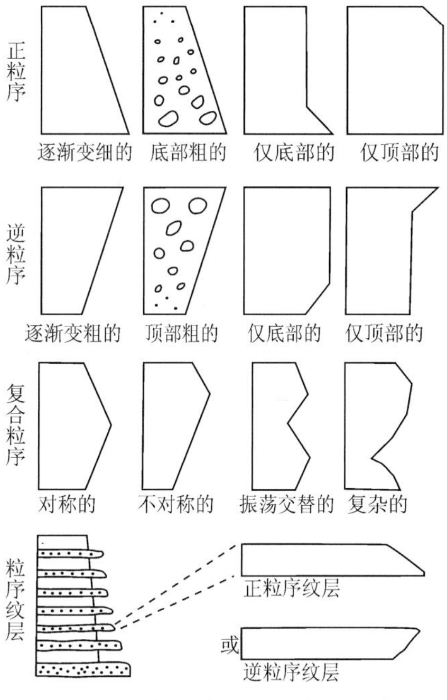

图 3-23 沉积物中典型的粒序层理类型

2. 沉积旋回和序列

沉积旋回和序列是由携沙水流能量逐渐衰退形成，随着携沙水流能量的减弱和速度下降，不同床沙地形按顺序相继形成并保存。这些携沙水流一般是事件性的，如浊流、风暴浪、洪水和火山碎屑流。

该类沉积序列典型包括：Stow 序列，针对细粒浊积岩；Bouma 序列，针对中粒浊积岩；Lowe 序列，针对粗粒浊积岩；Dott-Bourgeois 序列，针对风暴沉积；Sparks 序列，针对熔结凝灰岩；Stow-Faugères 序列，针对等深流沉积（等深积岩）（图 3-24）。

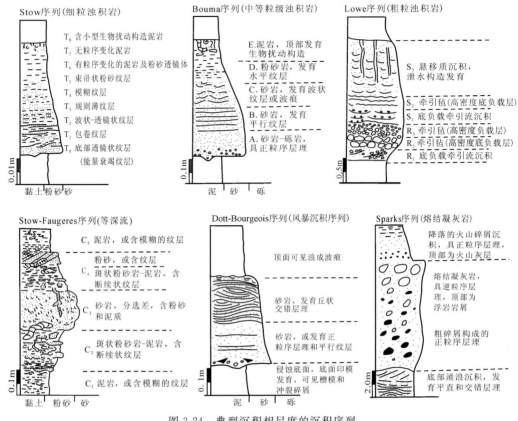

图 3-24 典型沉积相尺度的沉积序列

3. 沉积微相尺度的沉积序列

由单个的沉积微相及内部层厚或粒度有规律地交替形成,厚度通常为 5~50m,旋回周期通常为 100ka~1Ma,它们多产生在进积或侧积的环境里,如三角洲前缘河口坝沉积的反旋回;各种水道如河道、三角洲分流河道、重力流水道、潮道、入潮口等沉积的正旋回,属水道侧向加积(lateral accretion)作用的结果;滨浅湖滩坝沉积的反-正双向旋回,为高级别湖平面涨落变化成因。该类沉积序列及厚度规模包括(图 3-25):(a)曲流河侧向迁移形成的向上变细相序(5~35m);(b)三角洲进积形成的向上变粗相序(5~50m);(c)海岸线向海推进至泥质陆棚形成的向上变粗相序(10~50m);(d)障壁沙坝进积形成的向上变粗相序(10~50m);(e)向上变浅的碳酸盐岩相序,主体为浅水碳酸盐岩(5~50m);(f)向上变浅的碳酸盐岩相序,从水下变浅至暴露,含礁建造(5~35m);(g)深水斜坡-盆地相相结合,含浊积碳酸盐岩的向上变粗相序(10~50m);(h)向上变浅的火山碎屑岩相序(20~100m);(i)向上变浅的萨勃哈相序(5~50m);(j)海底火山边缘斜坡相相序(20~100m);(k)由浊积朵叶体进程和侧向摆动形成的向上变粗(变厚)的非对称相序(5~60m);(l)水下浊积沟道从充填至废弃构成的块状至向上变细相序(10~100m)。

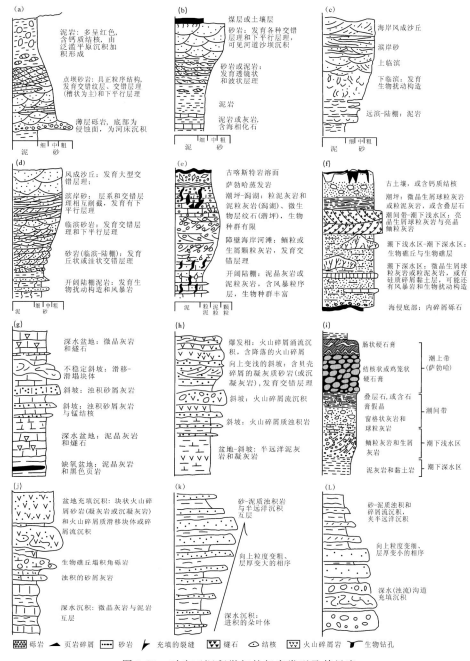

图 3-25　对应于沉积微相的相序类型及其尺度

4. 沉积相尺度的沉积序列

沉积相尺度的沉积序列是各种沉积微相及对应沉积序列的复合体,厚一般 50~250m,对应于更长的时间跨度(0.5~10Ma),它们是特定的沉积环境的沉积相组合,典型的包括:①河流沉积由河道滞留沉积-沙坝-天然堤-洪泛平原夹漫溢决口沉积的正旋回;②浪控滨海由临滨-前滨-后滨沉积的反旋回；③潮坪滨岸由沙坪-混合坪-泥坪沉积的正旋回；④三角洲由前三角洲-远沙坝-河口坝-分流河道微相沉积的反-正序列；⑤湖底扇或海底扇由外扇-中扇-内扇沉积的反-正旋回(图3-26)。

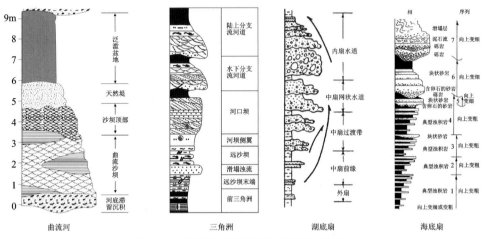

图3-26 不同类型沉积相的沉积旋回特征

5. 盆地充填尺度的沉积序列

盆地充填尺度的沉积序列对应于一个盆地演化阶段的充填序列，又称巨型沉积序列，地层厚几十米、几百米甚至上千米。一个巨型沉积序列由盆地演化阶段表现为海(湖)侵—海(湖)退或湖盆扩张—萎缩，由此导致沉积粒度向上变细、再变粗的趋势。这种趋势对应于盆地内部不同级别的层序划分。除三级层序的湖平面涨落变化成因外，二级层序受控于断陷湖盆的多幕次构造活动，从而表现为幕式演化特征，形成多个充填序列和油气的生-储-盖组合。沉积旋回、古生物化石和沉积环境演化综合反映东濮凹陷古近纪历经了3幕盆地演化过程，如图3-27所示。

上述粒度变化或沉积序列还被区分为自旋回和它旋回(或异旋回)。小级别普遍为自旋回，而高级别为它旋回。它旋回(或异旋回)受控于外部因素，包括全球海平面、气候、盆地沉降、沉积物供给和天体运行等的周期性变化，可用于区域乃至全球地层对比。自旋回的形成则受控于搬运、沉积碎屑物质的流体，这种过程常局限于盆地内部或盆地内某一局部区域，常见的自旋回包括河流沉积、重力流沉积和风暴沉积的正旋回，其沉积层通常延续时限短、连续性差，不能用于区域地层对比。河流相沉积的自旋回现象十分突出，包括河流-天然堤沉积的正旋回、决口扇沉积的反旋回，分别为曲流沙坝侧向加积和洪水期河道决口成因，并非湖平面或基准面上升、下降的结果，因此不能用于区域地层对比。河流相沉积地层的对比也一直是层序地层学研究的重点问题。

6. 碳酸盐岩的向上变浅序列

碳酸盐岩具有与碎屑岩类似的沉积旋回。与碎屑岩的沉积序列具有明显的粒度变化不

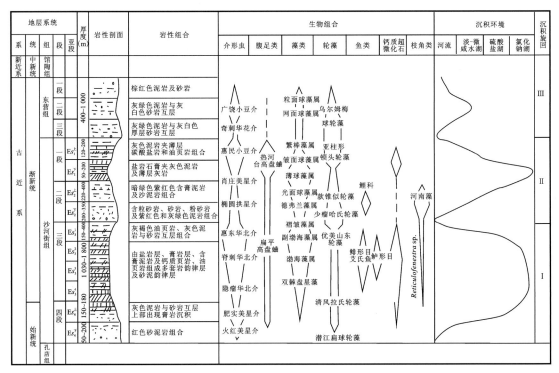

图 3-27 东濮凹陷古近纪地层及生物组合综合柱状图(据薛叔浩等,1989)

同,碳酸盐岩的粒度变化特征并不突出。在这种前提下,分析碳酸盐岩沉积序列需要具备对碳酸盐沉积相的充分理解。

向上变浅序列是陆棚浅水碳酸盐沉积的代表性特征,其原因在于:碳酸盐沉积具有浅水环境、盆内成因以及高的沉积速率等特点,导致陆棚沉积物堆积能快速达到一高出海平面的位置;一旦沉积物高出海平面,沉积物生产速率便马上减小,暴露在大气中的沉积物将遭受淡水淋滤,发生喀斯特化或成土作用;随后,海平面微幅度上升,陆棚又会被海水大面积淹没,新的层序又开始进行。如此反复,形成一个到多个从潮下沉积过渡至潮坪沉积的向上变浅序列。

一个理想碳酸盐岩的沉积序列常常由 5 个单元组成:A.超越在先前沉积之上的海侵沉积物,富含灰质砾和砂——破浪带高能沉积;B.含化石灰岩——潮下开阔台地或潟湖沉积物;C.具叠层石、泥裂的隐藻灰岩或白云岩——潮间带;D.具清晰藻纹层的白云岩或灰岩,扁平角砾状灰岩——潮上带;E.页岩或钙质细砾岩——大陆风化淋滤和溶蚀环境(此单元经常缺失)。进一步地,基于气候的干旱或湿润、水动力能量高低、不同的地质时代等归纳为 6 种细分垂向序列(图 3-28)。

(1)富泥质序列(muddy sequences)。在潮湿气候条件下,大陆潮坪不断向海推进形成。潮下单元是生物强烈扰动的粒泥灰岩和泥粒灰岩。

(2)颗粒质序列(grainy sequences)。发育在潮坪边缘的浅滩背景。B、C 单元富含颗粒,通常是分选很好的鲕粒、球粒或骨屑的灰砂以及少量的核形石;发育平直或鱼骨状交错层理,少量见小波痕,潜穴常见。

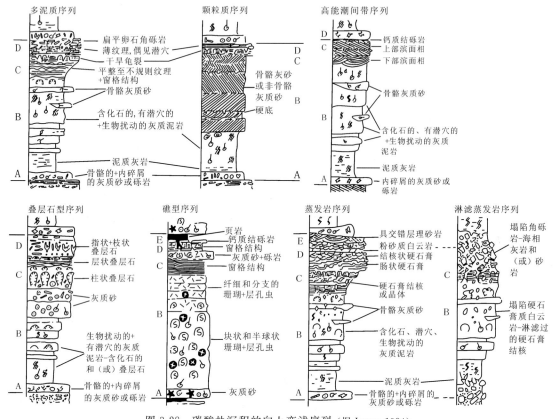

图 3-28 碳酸盐沉积的向上变浅序列（据 James,1984）

(3) 叠层石型序列（stromatolite sequences）。大量出现在早古生代和前寒武纪地层中，因为当时食藻类动物（腹足类）没有或尚未大量发展。主要特点是形成大量不同形态的叠层石类型：潮间穹状—柱状叠层石，向上变为波状叠层石；潮上为更平坦的层状叠层石，发生干裂，形成扁平状角砾状灰岩。

(4) 礁型序列（reef sequences）。发育在礁组合的礁后－潟湖环境。其潮下单元表现为大型块状和半球状礁后生物群体，之上转变为受保护环境的纤细枝状生物群体。枝状生物易被海水冲碎，成为潮间带内部常含的生物骨骼砾屑灰岩。

(5) 碳酸盐-蒸发岩序列（carbonate-evaporite sequences）。出现在干旱的萨勃哈海岸带。盐类沉淀（尤其是石膏）和白云岩化十分强烈。具鸡笼组构的复杂块体、扭曲成肠状的变形层、淡水淋滤形成的盐溶角砾岩普遍。

(6) 高能潮间带序列（grainy sequences）。为浅滩序列，主要发育在波浪作用强烈、潮汐作用次要的高能海岸，与上述5个低能序列相反，它的层序结构、各单元内部构造等与陆源碎屑型滩海类似。

五、沉积相判识中的科学思维

露头、岩心沉积相的判识始终贯穿在露头、岩心的观察过程中，露头、岩心观察的过程也是沉积相判识的过程。沉积相类型多样，不少于20种，容易造成多解性和误判。识别岩心沉积相，需要对不同类型沉积相的亚相-微相组成、岩性组合特点、典型沉积构造、垂向沉积序列有着很好的把握，反过来指导岩心观察。沉积相类型的判识除了需要丰富的沉积学知识储备外，还需要科学的思维方式。

例如，对于曲流河相，其识别的思维流程是：是否为河流相→首先需要确定起主导作用的河道沉积→河道沉积的特点是底部冲刷面＋底部滞留沉积＋大-中型板状—楔状—槽状交错层理＋正旋回序列→然后进一步识别泛滥平原、决口扇、决口水道、溢岸等河道边缘沉积以及植物根茎等生物化石，确定陆上环境。

再如，对于三角洲相，其识别的思维流程是：三角洲是由河流进入盆地水体形成，需要厘定河流和盆地水体两种沉积作用→首先是识别其主导作用的分流河道→然后观察是否发育暗色细粒沉积，指示水体较深的盆地背景→进一步地，河道沉积下伏是否发育远沙坝—河口坝反旋回序列。尽管三角洲相特征鲜明，但在盆地水体较浅的前提下，三角洲表现为浅水三角洲特色，甚至河口坝沉积缺乏，以致三角洲容易与河流相混淆。此外，河流边缘的决口扇微相也表现为反旋回，容易与河口坝沉积混淆。

又如，海(湖)底扇内部包含多种类型重力流的活动，浊流在其中占主要地位。鲍马序列启示我们，标志性的块状-递变砂岩段(Ta)仅仅是浊流沉积的一小部分，其余的平行层理砂岩段(Tb)、波状层理粉砂岩段(Tc)、水平层理泥岩段(Td)具有典型的牵引流沉积构造，容易误判为牵引流沉积。因此，重力流作用的首要识别依据是块状-递变砂岩段，同时，一些薄层的平行或波状层理的粉砂岩并不能否定重力流沉积。其实，在远离盆地中心的深湖相厚层暗色泥岩中，普遍夹一些薄层粉—细砂岩，属于湖底扇的外扇沉积。

值得注意的是，岩心观察需要采取从整体→局部→整体的流程，避免过于强调局部而忽视整体。如扇三角洲中常包含一些重力流的沉积，但总体常见牵引流的沉积构造和辫状水流的作用，因此判识为扇三角洲类型而不是湖底扇沉积。如果过于强调其中的少量重力流沉积，就容易解释为湖底扇沉积相类型。

六、沉积相演化及层序地层学的启示

在地质历史时期，一个地区的沉积相类型并不是一成不变的，而是随着海(湖)平面、气候、构造活动、沉积物供给的变化而变化，这些变化可以出现在平面上，也可以出现在垂向上。层序地层学对沉积相的控制因素及垂向演化给出了很好的解释。加强层序地层学理论的学习，有利于提升对沉积相演化的理解。

层序地层学是在年代地层格架中研究具有成因联系的沉积单元之间相互关系的学科，它起源于油气勘探家在北美大陆边缘的地层研究，得益于地震采集技术和深钻技术的使用，现在已发展成为与传统沉积学并列的沉积学研究方法。虽然层序地层学从明面上归属"地层学"的范畴，但实际上与沉积学的联系更加紧密。层序地层学对于沉积相分析的意义在于：

(1)基于盆地的统一等时地层格架特征。层序地层学方法在露头的应用便于将露头认知与地下地质进行对比,并获取更加准确的地层年代。

(2)提出了一些新的沉积学概念,包括下切谷、盆底扇和斜坡扇、高位三角洲等沉积相类型的术语、"坡折带"——控制沉积和层序结构的关键概念、基于油气烃源岩意义的"凝缩段"概念等。下切谷类似于河流相,但并不等同于河流相,它发育于海平面迅速下降时期,具有强烈的侵蚀下切能力,即所谓的"河流回春",该时期这种"水道"发生过路不流(bypassing),是沉积物集中搬运的重要通道,充填发生在随后的海平面(基准面)上升期,因此有时可以完全是泥质充填(图3-29)。盆底扇与斜坡扇都是海底扇沉积,但它们发育在海平面下降到最大和随后的缓慢上升阶段,所对应的沉积物供给条件不同,产生的储层砂体构型存在较大的差别。

图 3-29 下切谷沉积露头景观

(3)细致分析了沉积相的控制因素。层序地层学描绘了一幅层序内部沉积相受控于全球海平面变化的画面,详细讨论了海平面变化、构造活动、沉积物供给和古气候四大因素的影响,深化了对地层旋回性和沉积演化的理解。

(4)诠释了不同沉积相之间的转换。在一个三级层序内,沉积相发生由盆底扇→斜坡扇→低位楔三角洲→海侵滨海-深海相→高位三角洲的沉积相类型的转换。反过来,沉积相的垂向演化记录了上述控制因素,尤其是海平面的变化过程,正确认识沉积相的垂向演化是揭示这些变化的依据。如图3-30所示,岩心观察结合测井相分析表明,歧口凹陷Q91井古近系东营组时期,发育湖底扇、滨岸沙坝和三角洲沉积。其中,湖底扇发育于低位体系域,主要由灰白色粉—细砂岩组成,含较多泥砾,发育递变层理、液化变形构造和鲍马序列,自然伽马(GR)和地层正电阻率(RT)测井曲线呈低幅细齿状;滨岸沙坝发育于湖扩体系域(类似于海侵体系域),由薄层粉砂岩组成,GR和RT曲线呈低幅细齿状;低位体系域和高位体系域发育三角洲沉积,由薄—中层状粉—细砂岩组成,累计砂层厚度大,GR和RT曲线呈中—高幅漏斗形和三角形。

第三章 沉积相识别的依据与思维方式

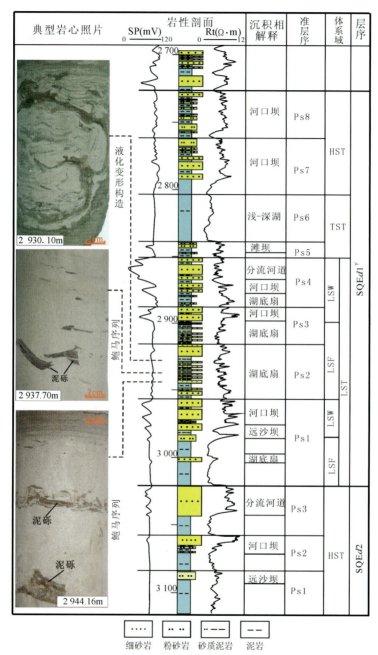

图 3-30 歧口凹陷 Q91 井古近系东营组沉积相分析

LSF. 低位扇;LSW. 低位楔;LST. 低位体系域;TST. 湖扩体系域;
HST. 高位体系域;SQEd1. 东一下亚段层序;SQEd2. 东二段层序

第四章　典型碎屑岩沉积相特征辨析及识别要点

虽然前人对各种沉积相类型发育的古地貌背景、亚相-微相组成、沉积特征和沉积序列等已有大量论述，但沉积相识别的难点在于沉积相类型的多样性（表4-1）。尤其是在地下地质"看不见、摸不着"的条件下，需要根据有限的岩心准确地判别沉积相的类型。为此，本书对相近的和近年来研究进展较大的沉积相类型加以辨析，并注重对识别要点的归纳整理，以便起到借鉴作用。

表 4-1　沉积相及亚相、微相组成分类汇总表

相组	沉积相	沉积亚相	沉积微相
	冲积扇相	内扇、中扇、外扇	泥石流、辫状主水道、辫状分支水道
	沙漠相		
	冰川相		
河流相组	辫状河相	河道、河道边缘	河床、心滩、天然堤、决口扇、溢岸
河流相组	曲流河相	河道、河道边缘	河床、边滩（点沙坝）、天然堤、决口扇、溢岸
河流相组	网状河相	河道、河道边缘	河床、植被岛、天然堤、决口扇、溢岸
盆地相组	湖泊相	滨湖、浅湖、半深湖、深湖	滨岸沼泽、滨岸沙坝
盆地相组	海相	滨海、浅海、半深海、深海	临滨（下临滨、上临滨）、近滨、前滨、后滨、风成沙丘（浪控滨海）；潮下带、潮间带、潮上带（潮控滨海）；沙垄、巨型沙波、潮流沙脊（潮控浅海）；风暴控浅海
三角洲相组	扇三角洲	扇三角洲平原、扇三角洲前缘、前扇三角洲	泥石流、辫状分流河道、分支间湾，水下辫状分流河道、水下分支间湾、河口坝、远沙坝
三角洲相组	辫状河三角洲	辫状河三角洲平原、辫状河三角洲前缘、前辫状河三角洲	辫状分流河道、分支间湾，水下辫状分流河道、水下分支间湾、河口坝、远沙坝、席状沙坝
三角洲相组	曲流河三角洲	三角洲平原、三角洲前缘、前三角洲	分流河道、分支间湾，水下分流河道、水下分支间湾、河口坝、远沙坝、席状沙坝（河控三角洲），线状沙脊（潮控三角洲），冲流沙坝（浪控三角洲）
三角洲相组	河口湾		分流河道、线状沙脊、潮坪、浅滩、潮道

续表 4-1

相组	沉积相	沉积亚相	沉积微相
重力流沉积相组	海底扇	内扇、中扇、外扇	海底峡谷、碎屑流、重力流主水道、重力流分支水道、天然堤、决口扇、溢岸、席状朵叶体
	湖底扇	内扇、中扇、外扇	补给水道、碎屑流、重力流主水道、重力流分支水道、天然堤、决口扇、溢岸、席状朵叶体
碳酸盐相组	碳酸盐台地	台地内部、台地边缘、台前斜坡、盆地	潮上带、潮间带、潟湖、台缘礁、灰泥丘、广海陆棚、盆地
	碳酸盐缓坡	后缓坡、浅缓坡、深缓坡、盆地	潮上带、潮间带、潟湖、台缘滩、鲕粒三角洲、灰泥丘

注：沉积微相术语在中国应用广泛，但国外对微相强调更多的是沉积岩的显微镜下特征。

一、冲积扇、扇三角洲和近岸水下扇

冲积扇、扇三角洲、近岸水下扇典型发育在前陆盆地逆冲推覆带或断陷盆地断控陡坡带，均与山前或盆地边界断裂的强烈活动紧密相关（图 4-1）。其中，冲积扇大多发育在山前，也发育在断陷盆地的初始裂陷期大面积汇水之前。扇三角洲和近岸水下扇均以冲积扇供源，因此三者存在诸多的共性。充分认识冲积扇的沉积特点，就不难理解另外两种类型。

冲积扇内部具有重力流和牵引流的双重沉积作用，即碎屑流（泥石流）和辫状水流、片流。泥石流属重力流，其沉积特点典型表现为基质支撑砾岩——副砾岩，具有砾石大小、成分混杂，分选、磨圆差，基质含量高，砾石呈漂浮状，砾石排列无定向且局部垂直于层面、凸出层面等诸多鉴别标志。辫状水道和片流属牵引流。辫状水道沉积砾岩典型特征为颗粒支撑砾岩、砾石具叠瓦状定向排列、不清晰和粗略的大型槽状—楔状交错层理等。虽然冲积扇沉积物粒度粗且混杂，但并不排除其能成为有利的油气储层的可能。

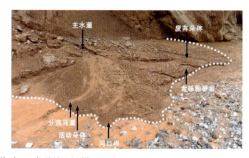

图 4-1 现代冲积扇沉积景观（左）与现代扇三角洲沉积景观（右）（图片来自网络）

扇三角洲是冲积扇进入水体形成的扇状堆积体。也就是说，扇三角洲平原直接等于冲积扇。但不同之处在于，冲积扇发育于水上环境，泥岩夹层均呈氧化色调；而扇三角洲存在水下部分，其前缘发育反旋回特征的河口坝，还受到波浪、潮汐的影响而发育一些特殊的沉积构造;前扇三角洲沉积暗色泥岩。扇三角洲还有一个重要的特点,即它的前缘-前扇三角洲亚相中重力流作用十分活跃,包括水下碎屑流沉积、洪水-滑塌浊流沉积和远端低密度浊流沉积等多种类型。其中,水下碎屑流沉积也为混杂堆积的副砾岩,与灰色泥岩互层区别于水上碎屑流与杂色泥岩互层;洪水型重力流沉积为块状-递变层理的砂砾岩-砂岩;滑塌型重力流沉积由发育砂、泥岩碎块和具包卷层理的块状砂岩组成。因此,扇三角洲的识别需要注重识别重力流和牵引流两种成分(岩心图版3~6,露头图版2~5)。

近岸水下扇是由我国学者"独创"的一类沉积相,发育于湖盆裂陷高峰期,盆地水体深,也就是深水陡坡背景,以致沉积物供给小于可容纳空间的发育,扇体直接浸没于水下。因此,与冲积扇和扇三角洲的区别在于缺少"水上"部分。近岸水下扇几乎全部为重力流沉积,即湖(海)底扇的一种类型,本书将在重力流沉积部分继续介绍该类型。

二、曲流河、辫状河与砾质曲流河

河流是人们熟悉的沉积相类型,是沉积物搬运的重要渠道,是三角洲-湖泊滨岸带以及深水重力流沉积物的主要来源,但人们对河流的认知大多停留在河道及堤岸。实质上,河流相还包括两侧宽阔的泛滥平原沉积。在地史时期河流历经频繁的决口、改道、废弃和迁移,形成广泛的河流相沉积。

河流类型的划分以弯曲度和分叉指数为标准,包括曲流河、辫状河、网状河3种类型(图4-2)。不同类型的河流注入湖泊或海洋,形成不同类型的三角洲,如辫状河三角洲和曲流河三角洲,因此对河流类型的判别也是厘定对应三角洲类型的依据。另外,由于不同类型河道砂体的规模、连通性、连续性存在较大的差异,正确区分河流的类型对油气勘探开发意义重大。

图4-2 黄河现代地貌单元(左)与现代辫状河沉积景观(右)(图片来自网络)

前人系统地总结了3种河流相的沉积特点(表4-2),但在实际生产应用中还是存在一些误区,例如对交织成网状的河流究竟归属于网状河还是辫状河?辫状河一般称之为底负载河流,沉积物粒度粗,是否沉积物粒度较粗的河流均为辫状河?其实,辫状河中也存在沉积物粒度较细的砂质辫状河;曲流河也包括砾质曲流河类型。简单地说,河道的规模、沉积物粒度均不能作为河流类型划分的依据。

表 4-2 曲流河、辫状河、网状河沉积特征对比

类别	辫状河	曲流河	网状河
河道的稳定性	极不稳定、迅速迁移、游荡不定	逐渐侧向迁移	稳定
河道弯曲度	低弯度	高弯度	低—中弯度
河道宽深比	最大、宽而浅	较小	最小、深而窄
坡降	最大	较小	最小
流量变化	最大	较大	较小
负载类型	底负载为主	底负载及悬移负载	悬移负载为主
运载能量	最大	中等	最小
河道砂体类型	心滩发育	点沙坝发育	河道沙坝没有,边滩小
废弃河道	无牛轭湖	牛轭湖发育	牛轭湖不发育,有废弃河道
洪泛盆地	不发育	发育,细砂、粉砂及黏土,土壤化	极发育,泥质含量高,植被发育,沼泽广泛
天然堤	不发育	发育	极发育

1. 曲流河

曲流河在3种类型中研究最为透彻。它是一种高弯曲、较稳定的单河道河流(图4-2左),一般发育在河流的中、下游河段,形成的古地貌坡度较平缓,发育完善的点沙坝和天然堤沉积,具完整的正旋回序列和典型的二元结构,横剖面上呈"泥包砂"的宏观特点,其砂体平面上呈弯曲的串珠状条带。

曲流河的识别依据包括:①底冲刷和底部滞留沉积;②正旋回,由河道曲流沙坝侧向迁移形成,与河道底部滞留沉积和上覆天然堤沉积一起,构成完整的正旋回序列;③二元结构,指河道粗粒沉积与河道边缘细粒为主的沉积,构成下粗上细的2个部分;④随着粒度向上变细,层理类型也依次改变,规模逐渐减小(表现为纹层逐渐变薄),呈槽状—楔状—板状—波状—水平层理的变化(岩心图版7)。

2. 辫状河

辫状河是一种低弯曲、稳定性差、迁移频繁的多河道河流(图4-2右),一般发育在河流的上游河段,形成的古地貌坡度大,以心滩沉积为主,天然堤和河道两侧漫溢、决口扇等不发育,沉积物粒度总体粗,不典型的二元结构和正旋回序列,横剖面上呈现"砂包泥"的宏观特点,形成的砂体平面上呈直—略微弯曲、较宽的连续条带。

辫状河的识别依据包括:①底冲刷和底部滞留沉积。②正旋回,向上变细特征不及曲流

河完整。③二元结构,旋回上部细粒沉积薄,所占河流序列比例小,启示河道边缘沉积不够发育或受河道迁移侵蚀而缺失。④粒度粗、成分复杂、结构混杂、分选相对差。⑤块状、槽状-楔状-板状交错层理,与曲流河相不同,由于辫状河沉积物粒度粗等特征,其层理构造的纹层、层面一般不够清晰,普遍由粗颗粒的定向排列和粒度变化体现,如砾石的定向排列显示纹层面,单个纹层内粒度向上变细。由于辫状河的间歇性、洪水型水流特征,其沉积中还常见块状层理,指示快速堆积。⑥含砂率高,整体上呈现砂多泥少的特色,暗示在沉积剖面上"砂包泥"的总体格局(露头图版6)。

大量的岩心观察发现,多级别的正旋回叠置是辫状河区别于曲流河的首要特点,也是岩心观察中单期辫状河沉积的厚度不好确定、造成辫状河沉积的期次划分出现差错的原因(图4-3)。多级旋回包括:单期辫状河沉积首先为一个大级别的正旋回,发育河流底部滞留粗碎屑沉积,是单期河流开始发育的依据;顶部相变为河道边缘厚层泥质沉积或被新的一期河道沉积切割,作为河道废弃和单期沉积结束的标志。其次为心滩沉积正旋回,心滩沉积之间甚至存在厚10~20cm的泥岩-粉砂岩,为洪水过后的落淤层,不能作为不同辫状河沉积的划分依据。最后是大型交错层理内的正旋回序列,楔状-槽状交错层理的产生与间歇性洪水流有关,也能形成正旋回序列。从岩心观察结果来看,单期辫状河沉积厚度常常大于6m,单期的心滩沉积厚度2m左右,而大型交错层理产生的旋回厚度小于1m。由此,辫状河沉积在测井上也常常表现为3~5期心滩旋回叠置。需要说明的是,钻遇河道边缘时,单期河道沉积的厚度可能较小(岩心图版7)。

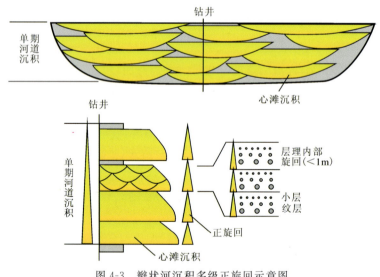

图4-3 辫状河沉积多级正旋回示意图

因此,辫状河沉积相识别的另一个难点在于单期河道的识别。通常,多期河道砂体沉积构成厚层复合砂体,以及不同级别的正旋回叠加,造成了单期河道沉积识别的困难。底部异常粗粒混杂的滞留沉积、薄的废弃充填或残留的洪泛平原泥质沉积是单期河道的重要判识依据。

3. 网状河

网状河是被一些植被岛、天然堤和湿地组成的洪泛平原分隔开的,具有细粒沉积物（粉砂和泥）、稳定堤岸、低坡降、深而窄、顺直到弯曲的相互交织在一起的许多河道所形成的网状水系（图4-4）,可看作是快速填积的低能河道和湿地的综合体,形成的砂体平面上呈高度弯曲的鞋带状。因此,网状河首先是低水动力前提下以细粒沉积为主的河流类型,这些细粒沉积特别有利于天然堤的建设；其沉积的砂岩少,垂向加积分布,与强水动力状况、沉积物粒度较粗、砂体富集的辫状河相有本质的差别。

图 4-4 现代网状河沉积景观（图片来自网络）

4. 砾质曲流河

前人文献对河流相的研究大多以平原区砂质曲流河和山地砾质辫状河为代表。然而,现代沉积见砾质曲流河发育十分普遍（表4-3；Miall,1985；于兴河,2002）,因此本书进行重点介绍。河北省秦皇岛地区的大石河即为一个很好的实例,其河道高度弯曲,以砾石沉积为主,因此命名为大石河,其地貌单元和沉积特征与平原区砂质曲流河存在较大的差异（钟建华等,2002）。

表 4-3 河流的结构-成因分类（据于兴河,2002）

河流	砾石质河流	低弯度	辫状	近源砾质辫状河
				远源砾质辫状河
		高弯度	蛇曲状	近源砾质曲流河
				远源砾质曲流河
	间歇性砾石质河流			
	砂质河流	低弯度	辫状	近源砂质辫状河
				远源砂质辫状河
		高弯度	蛇曲状	近源砂质曲流河
				远源砂质曲流河
	间歇性砂石质河流			

大石河发源于燕山山脉东段的黑山山脉"花榆岭",由西北-东南流经柳江盆地,在山海关老龙头南侧汇入渤海,全长近70km,流域面积560km²,是秦皇岛地区最主要的水系（图4-5）。大石河取名源自河床产出光洁的河卵石,石质为花岗岩、火山岩等,俗称"磨石蛋"。大石河仅下游十多千米奔腾于沿海平原之上,其余60km长的中、上游河段分布于山岭之间。在这一不长的河段内,河床的总高差达到400m,平均每千米的高差超过6m（王家生等,2011）。北庄坨村至上庄坨镇河段处于大石河的中游,海拔70m左右,平面上呈高度弯曲的"S"形,最大宽

约 80m,其河谷长 960m,河道长 2 715m,由此计算弯曲度为 2.828[大于曲流河定义的弯曲度(>1.5)],发育河床、凸岸、凹岸、流槽、河漫滩、河流阶地等地貌单元。

沉积特征包括:①河床底部滞留沉积。据现今河道沉积显示,由凹岸基岩崩塌产生,砾径 50~120cm,个别大于 3m,次棱角—棱角状,零星分布于河道底部。②曲流沙坝沉积。分布于凸岸,也称边滩或点沙坝,是曲流河最具特色的

图 4-5 现代山地砾质曲流河沉积景观

沉积部分。依据现今沙坝和 I 级阶地的沉积显示,可区分为下部砾质沉积和上部砂砾质沉积,总体呈现向上变细的正旋回序列。进一步地,其下部以粗—巨砾为主,含少量细—中砾岩。砾石大小不一,分选差,最大粒径 70cm,以 10~30cm 为主;砾石磨圆好,呈圆—次圆状。砾石成分主要为花岗岩、正长岩和安山岩,以及少量流纹岩、片麻岩和沉积岩,与两侧山地基岩岩性相同(王家生等,2011;露头图版 7)。综合以上特点,砾质曲流河在地貌单元、水动力特点、沉积序列等方面与砂质曲流河及砾质辫状河沉积存在相同或相异之处:

(1)在地貌单元方面,砾质曲流河与砂质曲流河分别发育于山地和平原背景,它们的河道均为高弯曲度的单河道形态。凹岸—凸岸交替分布于河道两侧,但两者在河道两侧的地貌单元上存在较大的差异,平原区砂质曲流河发育天然堤和广泛的洪泛平原、漫溢、牛轭湖、决口水道以及决口扇等地貌单元;而山地曲流河受两侧山地夹持,仅发育小面积的河漫滩。此外,砾质曲流河河道宽浅,宽/深比大,该特点与砾质辫状河类似(图 4-6)。

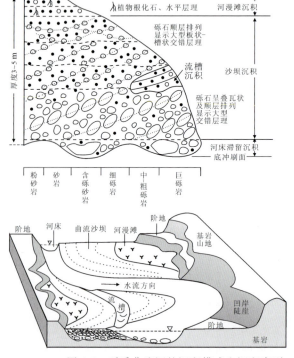

图 4-6 砾质曲流河的沉积模式和沉积序列

(2)在水动力条件及沉积特征方面,平原区砂质曲流河水流相对稳定,沉积物粒度细、分选好;而山地砾质曲流河水流季节性强,洪水期与平水期水量变化大,洪水流对沉积起着主导作用,沉积物粒度粗,主要由砾岩、砂砾岩和含砾砂岩组成,分选差。

(3)在沉积序列方面,正旋回和二元结构是砂质曲流河沉积的典型特点,平原区曲流河的沉积充填由下部滞留砾石、点沙坝砂质沉积和上部天然堤、洪泛平原、漫溢以及决口等细粒沉积组成,尤其是上部细粒沉积占较大比例,即典型的二元结构和正旋回序列。相比,砾质曲流河河漫滩细粒沉积薄,所占比例小,二元结构和正旋回序列不典型,以及其粗而混杂的沉积物等特征,均与砾质辫状河类似。

三、滨湖-浅湖-半深湖-深湖相

湖泊划分为滨湖、浅湖、半深湖-深湖亚相(图4-7)。其中,浅湖定义为枯水面至正常浪基面之间;半深湖介于正常浪基面与风暴浪基面之间;深湖定义为风暴浪基面以下。浅湖至深湖均以暗色泥质沉积为主,需要注意区分。

图4-7 青海湖现代景观(图片来自网络)

滨-浅湖相沉积泥岩中发育较好的水平层理,泥岩颜色偏灰,夹较多粉—细砂岩,透镜状—波状层理发育;由于含氧和透光性好,生物化石较丰富,在我国陆相湖盆中常见介形虫化石和少量腹足类生物化石。该相带处于浪基面之上,为波浪长期作用相带,发育滩坝沙体,由分选磨圆好的粉—细砂岩组成,发育标志性的浪成波纹交错层理。随着湖平面的变化,滩坝沙体沉积常呈现自下而上由反旋回—正旋回的双向旋回(岩心图版8)。在基岩背景下,湖盆滨岸滩坝表现为砾质滩坝(露头图版8)。

滩坝进一步区分为(沙)滩和(沙)坝两类,两者的沉积砂岩厚度、平面展布特征存在较大差异——不同的储层构型,从而影响油气的开发,需要注意区分(岩心图版9~10)。沙滩微相的识别依据在于:①砂层薄,厚度一般小于1m,与浅水泥岩频繁互层,主要发育平行层理和低角度交错层理;②沙滩分布面积大,呈较宽的条带或席状,平行于岸线分布。沙坝包括沙嘴、障壁沙坝、障壁岛等，该微相的识别依据在于：①砂层数量少，但单层厚度较大，一般为几米，甚至更厚，总体为厚层砂岩与厚层泥岩的互层组合；②呈长条状分布，与湖岸平行或相交，在横剖面呈对称透镜状或上倾尖灭状，使得沙坝与湖岸之间出现局限的湖湾，植被发育，砂岩中常见碳化植物屑和碳质纹层。作为重要的油气储层和岩性油气藏的重要勘探对象，沙坝还进一步细分为坝前、坝主体和坝后单元。坝主体沉积的砂岩纯净、平行层理、低角度交错层理和浪成沙纹层理发育（图4-8）。

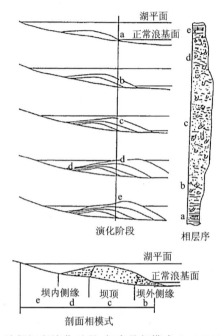

图4-8 沙坝沉积演化过程、相序及相模式（据陈世悦等，2000）

半深湖相和深湖相均处于静水滞留环境，仅发生悬浮沉淀，常由厚层深灰—灰黑色泥岩组成，生物化石匮乏。两者的区别在于，半深湖相频繁受风暴和重力流活动的干扰，夹少量重力流或风暴沉积的薄层粉-细砂岩。深湖相砂岩含量更低，环境更加安静，沉积泥岩常常层理不清，呈块状、偶夹重力流沉积的薄层砂岩（岩心图版11）。

四、氧化和氧化-咸化宽浅型湖泊、深水咸化湖泊和盐湖

氧化和氧化-咸化宽浅型湖泊虽然面积可以很大，但仅发育滨-浅湖相沉积，缺乏深湖相。它的充填沉积物普遍呈褐红色、绿灰色，由泥岩、粉砂岩和少量细砂岩薄互层组成，局部发育厚层粉—细砂岩，局部含层状和透镜状石膏。其中，泥岩发育水平层理；粉—细砂岩分选、磨圆好，发育浪成波痕、浪成波纹交错层理、爬升波纹层理和波状交错层理，指示为滩坝沉积和波浪作用的存在。在这种背景下，不同类型的三角洲均表现为"浅水"特征。典型实例来自于我国西部库车前陆盆地白垩系和古近系（露头图版9～10）。

深水咸化湖泊和盐湖突出表现为水体深，但水体咸化甚至是盐湖状态，分别以发育碳酸盐岩、含碱和石膏为特征（岩心图版12）。该类湖盆有利于水体盐度分层和有机质保存，从而

形成"优质烃源岩"发育层位。深水咸化湖泊和盐湖在我国东部渤海湾盆地古近纪发育普遍，如泌阳凹陷核三段天然碱与灰褐色泥质白云岩和褐灰色白云质泥岩互层，白云岩厚度大于900m，天然碱呈数厘米到数米的薄层或呈团块状赋存于白云岩中；东濮凹陷从沙四段—沙一段下部盐类（石膏、石盐）沉积丰富，主要集中在沙三段、沙一段这两个湖盆的最大深陷期和扩张期，尤其以沙三段盐层累计厚度最大，达1 000m，含盐层系为石盐、石膏和暗色泥岩或钙质页岩及油页岩互层。渤海湾盆地东营凹陷盐岩分布面积800km^2，累计厚度大于168m，单层最大厚度10.5m以上；石膏分布面积1 900km^2，累计厚度190m，单层最大厚度15.5m以上；钙芒硝累计厚度16m，杂卤石共17层，累计厚度14.5m。不同盐类在平面上呈同心环带状分布。

五、浪控与潮控滨海相

潮控和浪控海岸属于海岸环境的两大类型，它们所代表的地貌背景不同、主要的沉积作用不同，沉积物在岩性组合、沉积构造、垂向序列、生物化石方面均存在明显的差别。

浪控海岸包括正常浪基面至风暴浪所能波及的范围，以波浪为主要沉积动力，出现在面临开阔的海洋，以波浪作用为主，根据沉积作用的变化，进一步细分为临滨（下临滨和上临滨）-近滨-后滨-风成沙丘等单元（图4-9、图4-10）。该沉积相的识别依据多样，包括：①高的成分和结构成熟度高，以石英、燧石为主；②砂岩含生物介壳碎片（近滨），甚至形成介壳滩；③标志性沉积构造，由临滨-近滨-后滨-风成沙丘等单元组成，沉积物粒度向岸变粗，发育波状层理、浪成波痕和浪成波纹交错层理、海滩冲洗交错层理、滩脊层理等；④反旋回的垂向沉积序列（图4-11，岩心图版13，露头图版11～13）。

图4-9　北戴河山东堡浪控海滩景观　　　图4-10　山东青岛海滩海水冲流作用

潮控海岸位于受障壁遮挡或宽阔平缓海滩的古地貌背景，由于波浪能量受到遮挡或与海底摩擦受损，潮汐成为主要营建力量。划分为沙坪-混合坪-泥坪3个单元，沉积物粒度呈现向岸变细的反序分布，发育波状-脉状-透镜状复合层理，生物潜穴和扰动构造十分丰富，具潮汐束状体、双黏土层等沉积标志，局部出现钙质团块，总体呈正旋回的沉积序列（岩心图版14，露头图版14）。由于潮差的周期性变化，双黏土层还呈现疏密变化（图4-12）。

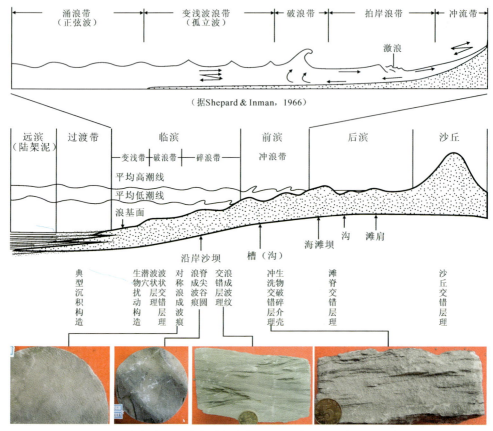

图 4-11　浪控滨岸环境水动力条件、沉积相带划分及典型沉积构造

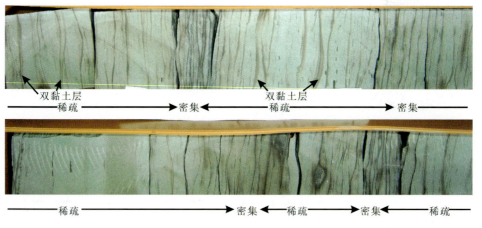

图 4-12　潮坪相双黏土层及泥质纹层的疏密变化

六、潮控浅海和富有机质深海相

浅海是指水深 10～200m（风暴浪基面）的广阔海域，为远滨带（offshore zone）。此前一般认为浅海以泥质沉积为主，但海底调查和勘探结果指示，陆架浅海砂体并不匮乏，其原因之一

就是潮汐作用。潮汐在滨海和浅海水域具有不同的作用方式,沉积特征存在差异。潮控滨海相特征及识别标志如上所述,本节主要介绍潮控浅海沉积。

与近岸带不同,在浅海中,即使潮差大于4m的潮汐涨落对海底沉积物作用不明显,而由潮波引起的潮流则是搬运沉积物的主要动力。地球自转的科里奥利效应可以使潮流沿一定的路线前进,形成旋转潮波系统。旋转潮波在北半球多为逆时针方向,在南半球则多为顺时针方向。

现代潮控陆架浅海的调查表明,陆架浅海的潮流最大流速(平均大潮)可达60～100cm/s,甚至更高,足以搬运砂级沉积物,形成包括沙垄、巨型沙波和大型线状沙脊等各种波痕底形的海底沉积地貌:①沙垄(sand ribbons),为平行于潮流最大流速方向纵向排列的砂体,主要发育在水深一般为20～100m之间的近陆海的底砾岩。②巨型沙波(magaripples or sand waves),是一种大型的横向底形,具有平直的波脊和明显的崩落面,是许多现代潮汐陆架中特征性的底形。波高一般大于1.5m(常见3～15m),波长30m(常见150～500m)。巨波痕的表面大都覆盖有频繁迁移的大波痕,巨型沙波的形态可以从对称到不对称。③潮流沙脊(large tidal ridges),是巨型线状底形,长轴方向平行于最强潮流方向,也是现代潮汐陆架上最具特色、分布最普遍的一种底形(图4-13)。沙脊高可达10～40m,宽1～2km,长达60km。脊间线距4～12km,脊间水深30～50m,脊峰处水深仅3～13m。除了浅海相依据之外,潮流沉积砂体普遍频繁发育泥夹层或与泥岩薄互层,具有潮汐作用形成的典型沉积构造,包括双向或多向水流的古流向构造、泥盖(mud drapes)、潮汐流侵蚀面等,也是其识别标志。

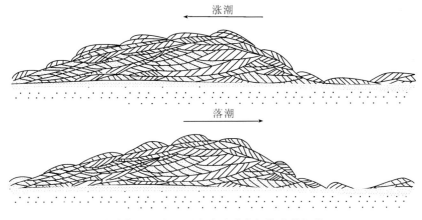

图4-13 荷兰北海陆架上一个巨型潮汐沙波内部构造的解释(据Walker,1984)

中国东部陆架海底沉积调查表明,潮流沙脊系统(包括沙脊和沙席)占据陆架海底32%的面积,共识别了5个典型潮流沙脊体系,因此被誉为"浅海潮流沉积的地质博物馆"。这些系统形成于末次冰期(15～7kaBP),该时期海平面大幅度下降(最低海面在水深135m之下),大量的河流-三角洲沉积物堆积在陆架之上,随后在海平面上升时期被多次潮流改造。现今,我国学者在珠江口盆地也识别了较多新近纪潮流沉积,为油气勘探的对象。

塔里木盆地顺托果勒低隆起志留系柯坪塔格组下段发育陆架沙脊沉积(杨帅等,2014)。浅海陆架沉积表现为水平层理厚层泥岩,含少量生物化石。陆架沙脊沉积包括块状层理中—细砂岩、含撕裂状泥砾的块状中—细砂岩、双向交错层理含黏土层的细砂岩相、波状-脉状层理的细砂岩与泥岩互层等岩相或岩性组合类型(岩心图版15)。

深海沉积的典型特点是岩层薄、颜色深、含单一属种的远洋浮游生物化石。随着页岩气的加紧勘探,富有机质页岩是目前关注的重点,在我国多个地史时期均有好的该类层位和页岩气发现,如四川盆地焦石坝地区奥陶系五峰组—志留系龙马溪组富有机质页岩(岩心图版16)、宜昌地区寒武系水井沱组。

七、海相河控、浪控与潮控三角洲

古代三角洲沉积往往蕴含丰富的煤、石油与天然气资源。三角洲沉积能构成良好的生油层、储层、盖层配置组合:前三角洲泥与深水泥岩为烃源岩(底积层);三角洲前缘砂体为储层(前积层);三角洲平原的沼泽与洪泛盆地细粒沉积物为盖层(顶积层),以致世界上发现的大型油气田大多与三角洲有关,如世界上第二大油田——科威特的布尔干油田。

三角洲是河口区河水与盆内水体相互作用的结果。一旦河流进入盆地水体,河水扩散,流速迅速下降,所携带的沉积物在河口区堆积,形成河口坝。河流作用对三角洲的发育起建设性作用,盆内水体对三角洲的沉积物进行再搬运改造,对三角洲的形成起破坏性作用。根据河流、波浪与潮汐之间相互作用的强度,三角洲可划分为河控三角洲、浪控三角洲和潮控三角洲(图4-14),这3种类型具有不同的砂体富集部位和展布特征,其区分对油气开发具有很好的指导意义(表4-4)。

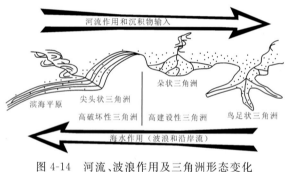

图 4-14 河流、波浪作用及三角洲形态变化

表 4-4 河控、浪控和潮控三角洲沉积特征对比

分类	河控三角洲	浪控三角洲	潮控三角洲
形态	长形或朵状	弓形或尖头状	河口湾至不规则
河道类型	直至弯曲	蛇曲分流	直、张开至弯曲
总成分	沙质至混合质	沙质	可变
格架相	河道沙、河口坝沙、前缘席状沙	海滩脊沙	潮汐沙坝
格架走向	平行于沉积斜坡	平行于沉积走向	平行于沉积斜坡

它们的差别表现在：①整体平面形态的不同。随着河流作用的减小和波浪功率的增大，三角洲砂体形态发生一系列规律性变化——从向海延伸很远的鸟足状过渡到朵状（河控三角洲）（图4-15），再过渡到尖头状（浪控三角洲），潮控三角洲河口呈向海张开的喇叭状。②河口沉积特征存在较大差异。河控三角洲河口发育向海延伸的河口坝，楔状交错层理发育；浪控三角洲河口发育沙滩和沙丘，平行于岸线分布，具浪成波纹交错层理和海滩冲洗交错层理的识别标志；潮控三角洲河口以发育与岸线垂直的线状沙脊为特征，以双向交错层理为特征。③三角洲平原沉积的差异。河控三角洲平原典型发育分流河道和分支间湾；潮控三角洲平原发育广泛的潮坪和潮道沉积，以波状-脉状-透镜状层理发育为特征。此外，浪控、潮控三角洲还要与浪控、潮控滨岸相区别，其要点在于三角洲平原分流河道沉积的识别，显示河流的建设性作用，由此确定沉积体的三角洲属性。

图4-15 密西西比三角洲现代沉积景观
（图片自来网络）

八、湖相三角洲、辫状河三角洲与扇三角洲

湖盆中波浪作用较弱，没有潮汐作用，因此没有潮控和浪控三角洲的划分。另外，进入湖盆的河流规模普遍小、流程短，形成的三角洲规模小，有许多自身的特色，因此单独列出。湖盆中，发育扇三角洲、辫状河三角洲和（曲流河）三角洲，三者均以"三角洲"命名，但它们所处盆缘背景、物源供给条件以及沉积特征存在较大的差异（岩心图版17）。

三角洲一般是指曲流河入湖成因，是河流和盆地水体两者交汇作用的结果，以发育分流河道、水下分流河道、远沙坝、河口坝、席状沙微相为特色。分流河道-水下分流河道相充分体现了河流的作用，远沙坝-河口坝-席状沙则较好地体现了盆地水体的作用（岩心图版18~19；露头图版15）。各微相的特征和识别依据如下。

（1）分流河道。该微相的识别揭示了沉积体形成的根本原因在于河流入湖，因此对三角洲沉积相的判别至关重要。它的沉积特征类似于河流，包括底冲刷、滞留砾石、正旋回序列和板状-楔状-楔状交错层理等特点。但由于分流改道和所处背景的地下水位高，分流河道的活动时间短、沉积规模小、沉积物粒度相对细、分支间湾中植物根茎多见。

（2）水下分流河道。属前缘亚相的组成部分，是水上分流河道的水下延伸，随盆缘坡度、盆地水体深浅的变化而延伸距离不同。在水体浅、坡度缓的背景下，水下分流河道能延伸较远。国外学者并不认同水下分流河道的存在，但我国学者及笔者根据现代沉积观察，普遍认可该微相类型。水下分流河道与分流河道的区别包括：①粒度变细。随着分流河道的进一步向盆地搬运沉积，沉积物粒度变细，沉积构造的尺度相应变小。②底部突变但冲刷不明显，底部见滞留暗色泥砾或不出现滞留沉积，深灰色泥砾指示源自下伏地层冲刷产生。③底部出现小段向上变粗序列。由于水体的顶托作用，最粗的沉积物往往并不位于分流河道沉积的最底部,而是在其之上 10cm 左右,形成薄的向上变粗序列。④分支间湾为深灰色泥岩,具水平-波状层理,较多的潜穴构造显示水下环境。

(3) 河口坝。处于分流河道和盆地水体作用的结合部位。较厚的砂岩夹薄层泥岩的岩性组合、波状层理向上转变为板状-楔状交错层理、反旋回为识别标志。

(4) 远沙坝。相距河口更远,沉积物粒度更细,泥夹层更多,粉砂岩与泥岩薄互层、较多的脉状层理-波状层理和反旋回为识别标志。

(5) 席状沙。为波浪改造的结果,仅在水体较浅、波浪作用较强的部位发育。如果盆缘坡度大,水体较深,位于浪基面之下,则不利于波浪改造和席状砂的形成。因此,并非每个三角洲都发育席状沙微相。席状砂微相的油气意义在于它的"席"状展布特征,能连接沙坝,增进储层砂体的连通性。

充分掌握曲流河三角洲沉积特征,有利于从比较的角度辨别另外两种类型:①辫状河三角洲发育的盆缘背景坡度大,河水的水动力强,沉积物粒度粗,含砾中—粗砂岩更加普遍,砂体更加丰富;(水下)分流河道相盆地延伸距离远,占据三角洲的比例相对大,常见(水下)分流河道砂体多期叠置,形成厚达几十米的叠合砂体(岩心图版 20,露头图版 16)。②扇三角洲发育的盆缘背景坡度最大,能促进不同类型的重力流活动,如泥石流、洪水型和滑塌型重力流,形成三角洲的平原和前缘中的水上—水下泥石流和洪水型浊流沉积,其沉积物的粒度总体粗而混杂,成分成熟度和结构成熟度最低(岩心图版 3~6)。

九、浅水三角洲与"深水"三角洲

浅水三角洲是一种特殊的三角洲类型,它发育于水深在十几米以内、坡度小于 0.5°、基底沉降较弱的缓坡背景,包括台地、陆表海和裂后拗陷湖盆等(Fisk,1954;Donaldson,1974;Overeem,et al,2003;Cornel & Janok,2006)。因此,该类三角洲是根据盆地背景特征而划分的三角洲类型,前人还进一步区分了浅水(曲流河)三角洲、浅水辫状河三角洲和浅水扇三角洲。实质上,前人研究较多的辫状河三角洲,如鄂尔多斯盆地二叠纪大型辫状河三角洲,普遍是"浅水"类型。当今研究最多、分布最广泛、最引人关注的是浅水(曲流河)三角洲类型。现今基本未采用"深水"三角洲这术语,前人所提及的三角洲大多属该类型,并以河口坝十分发育为典型特征。

浅水三角洲在我国分布十分广泛,如鄂尔多斯盆地上三叠统延长组(邹才能等,2008)、渤海湾盆地新近系(朱伟林等,2008)以及现代鄱阳湖盆地(邹才能等,2008;张昌民等,2010)均发育了该类沉积相,松辽盆地更是在下白垩统泉头组、上白垩统姚家组和嫩江组等多层位发育(楼章华等,1998,2004;吕晓光等,1999;韩晓东等,2000;王建功等,2007),为油气成藏提供了丰富的储层。赣江三角洲是最典型的现代浅水三角洲,它由赣江注入鄱阳湖形成。鄱阳湖在洪水期面积 4 627km²,但在枯水期湖平面下降幅度达 10m,面积仅 146km²。赣江三角洲在其西侧的缓坡背景形成(坡度 0.1°),发育枝状和网状分流河道-水下分流河道,以粉—细砂岩沉积为主(图 4-16)。

相比"深水"三角洲以河口坝沉积为主的特点,浅水三角洲以分流河道、水下分流河道沉积为主,特征介于河道和"深水"三角洲之间,其砂体呈条带状分布,易于形成岩性或构造-岩

图 4-16 赣江三角洲现代沉积景观示意图

性油气藏类型。而且,受物源供给、湖底坡度、湖盆水体深浅和湖平面变化等因素的影响,(水下)分流河道数量、规模、分叉-合并频率不同,导致浅水三角洲呈现不同的展布样式。得益于浅水三角洲的广泛分布和油气勘探的大力推动,我国学者对该类三角洲的沉积特点进行了较全面的总结,也是该类三角洲的识别标志,主要包括以下几个方面。

(1)相对发育的水下分流河道砂岩,河口坝沉积不甚发育。河口坝发育较差,厚度较小,一般 10～30cm,原因在于浅水三角洲建设性较强,使得河道进积速度快,在进积过程中对原河口沉积物具有较强的改造作用,使得发育的河口坝不能较好地保存。

(2)不连续的垂向沉积层序。与正常三角洲沉积不同,浅水三角洲沉积呈现出明显的进积特点。由于当时沉积时地势低平,湖面波动频繁,低水位期分流河道长距离向湖泊方向推进,高水位期则长距离后退,湖水间歇性淹没造成多次沉积间断,在垂向上形成不连续的沉积层序。在垂向层序上,水下河道砂体常发育于厚度小的河口沙坝或直接发育于浅水三角洲外前缘席状砂、前三角洲之上。

(3)广泛分布的席状沙。关于浅水三角洲席状沙的成因,大多认为是由于湖面整体快速下降,伴随季节性、周期性湖面频繁波动过程中,进入三角洲前缘的河口沙坝和水下河道被冲刷-回流和沿岸流强烈改造,在三角洲前缘平缓浅水区形成大面积分布的席状沙。

(4)类似于三角洲沉积的砂体形态等特征。砂体受多级分叉的分流河道-水下分流河道控制,具有明显的方向性,反映出三角洲沉积的朵状形态特点。

(5)三层式沉积结构不明显。不存在传统的三角洲模式的顶积层、前积层和底积层,在地震剖面上基本找不到前积结构的直接证据。

(6)紫红色、灰绿色、浅灰色泥岩大面积展布,生物扰动强烈,指示盆地水的氧化-弱还原特征。

对于油气勘探而言,浅水三角洲由于受控于湖平面的涨落变化,具备相比河流相更优越的储盖组合和形成大型油气藏的有利条件。辫状河流相的特点为"一粗到顶",沉积物主要为砂岩和砂砾岩,沉积厚度大、分布广、侧向和垂向连通性好,在储集方面具有优势,但封盖层发育较差。相比而言,浅水三角洲发育滨浅湖泥岩、前三角洲泥岩、河湾泥岩和三角洲平原沼泽泥质沉积,具有粒度细、分布广、厚度相对较大的特点,是封堵油气的优良盖层。曲流河沉积物粒度总体较细,点沙坝砂体会成为优质储层,泛滥平原中的细粒沉积具备盖层性能,但由于砂体多为不连续的条带状展布,储层预测难度较大。相比,浅水三角洲分流河道砂体、河口坝砂体、席状砂体连续性和连通性远比曲流河沉积要好,展布面积大,分布宽广而稳定,储盖组合更加优越(朱伟林等,2008)。基于对浅水三角洲沉积特征(图4-17)的总结,早期识别的一些河流相现今也更正为浅水三角洲类型,并带来了勘探思路的改变和新的油气发现。

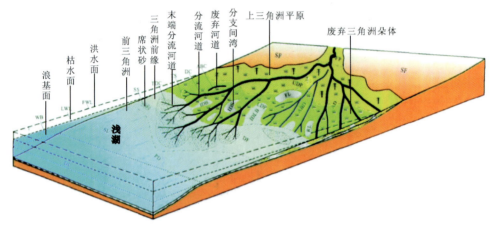

图4-17　浅水三角洲沉积模式(据邹才能等,2008)

十、沙漠-风成沉积

沙漠地区干旱少雨,植被稀少,主要地质营力是风,在暴雨期间可以形成间歇性河道,流水在低洼处可汇集成沙漠湖(图4-18),并多演变成盐湖或干盐湖。因此,沙漠沉积主题为风成沉积物,其中夹少量水成沉积物,按其沉积性质可区分岩漠、石漠(戈壁)、风成砂、旱谷、沙漠湖和内陆盐碱滩等沉积类型。

图4-18　敦煌市月牙泉沙漠湖景观(图片来自网络)

(1)岩漠沉积。岩漠是以剥蚀作用为主的平坦的岩石裸露地区,风的吹扬作用带走了细粒物质,仅在大石块背后的风影区偶尔残留有少量棱角状砾石堆积或石块。

(2)石漠沉积。石漠又称为"戈壁",是在地势平缓地区风蚀残留地面上的残余堆积,即风力所不能搬运走的残留粗粒沉积。主要组分为砾石和粗砂，分选差至中等，频率曲线为双峰式。砾石以稳定组分为主，其表面有撞击痕和破裂现象，风的磨蚀作用可形成风棱石。细砾石在强风作用下可形成砾石丘，常具有大型交错层理；厚度较薄，一般仅数厘米，但分布和延伸较远。我国西北地区的戈壁亦属石漠沉积。

(3) 风成沙沉积。是狭义的沙漠沉积，主要沉积物为风成沙，成熟度高，稳定矿物组分多，黏土含量低，分选极好，颗粒磨圆度高。风的磨蚀作用使砂粒（主要是石英）表面呈毛玻璃状。颗粒表面还因搬运过程中彼此撞击遗留下来不规则的显微凹坑，以及因铁质浸染，形成的氧化铁薄膜，也称为沙漠漆。沙丘是风成砂的主要堆积地貌（图4-19），其内部具有特征的风成交错层理，前积细层倾角为25°～34°，细层厚一般为2～5cm，层系厚可达1～2m，最厚达数米。

图4-19 现代风成沙丘景观（图片来自网络）

(4) 旱谷沉积。也就是干河洼地，是沙漠中长期干旱、只有降雨才会有水流过的河流，其水流具有暴洪特点，河道不固定、沉积速度快，顺坡堆积呈扇状，故称旱谷冲积扇。因此，旱谷沉积实质上是一种间歇性辫状河流沉积。其沉积物粒度粗，砾石可具叠瓦状排列，部分由分选好、具各种层理的砂质沉积组成。在一个沉积旋回中呈向上变细的趋势，其顶部为黏土或泥质沉积物，具泥裂、雨痕等构造。在剖面上，旱谷水流沉积常与风成沉积交替出现。

(5) 沙漠湖和内陆盐碱滩沉积。在许多沙漠的低洼地区，其潜水面已接近地表，受间歇性洪水或地下水补充，局部地区能成为很浅的暂时性湖泊，称为沙漠湖。沉积物由流水或风搬运而来，主要为粉砂或黏土沉积，各薄层常见递变层理。湖水干涸后，顶部黏土层发生干裂和卷曲碎片，因风沙覆盖而保存，常有石膏和石盐与其相伴生。

美国克罗拉多大峡谷（Colorado，The Grand Canyon）景区被称为"世界七大奇观之一"，是联合国教科文组织选为受保护的天然遗产之一，该区出露典型的风成沙丘沉积，主要由褐红色细砂岩组成，以分选性好、石英含量高和高角度交错层理为特征（露头图版17）。另外一个实例研究区为宜昌地区上白垩统红花套组发育的风成沙丘沉积，露头位于红花套镇西，由棕红色巨厚层状大型高角度前积交错层理细石英砂岩组成，发育大型高角度前积交错层理，前积纹层倾向43°～52°，倾角47°～59°，一般顶部较陡，向下部变缓且收敛（露头图版18）。薄片分析揭示石英颗粒含量达95%,其次为长石,石英颗粒表面见褐铁矿薄膜(朱锐等,2010)。

库车盆地的下白垩统局部发育干旱气候条件下的红层沉积,包括洪积扇砾岩、间歇性河流砂砾岩、风成细砂岩和粉砂岩、沙漠湖相紫红色泥岩等类型的沉积,组成一个较为典型的沙漠沉积体系(梅冥相等,2004)。库车河下白垩统剖面自下而上出露有亚格列木组、舒善河组、巴西盖组和巴什基奇克组。风成砂岩主要发育在巴西盖组和巴什基奇克组(露头图版19)。

第五章　重力流的沉积特点及识别标志

重力流活动产生的沉积相类型远不及牵引流,其沉积学认识程度也远不及牵引流。正因为如此,重力流依然是当前沉积学研究关注的重点。基于对陆相盆地岩性-地层油气和海相深水油气勘探的指导意义,重力流沉积学研究近年来取得了较多的进展,包括砂质碎屑流和异重流等新概念的提出。不利的一面是,所划分的重力流类型纷繁多样,带来了术语的混淆,以及对相同地区、相同地层内重力流类型划分的分歧。在此,本章从重力流的流态类型、海底(湖底)扇的发育背景及亚相-微相组成方面进行讲述。

一、重力流沉积的分类

重力流类型的划分多种多样(表5-1)。其中,最常见的碎屑流、浊流、液化流和颗粒流的划分,强调了以重力流流体内颗粒的支撑机制为依据,近年来还将碎屑流区分为泥质碎屑流和砂质碎屑流。另外,按照沉积物的供源和触发机制,还划分了洪水型和滑塌型重力流,洪水型重力流就是近年来提出并正加紧研究的异重流。此外,还根据重力流沉积在层序格架中的位置和分布,划分了斜坡扇和盆底扇类型;根据受水盆地的不同,划分了海底扇和湖底扇类型;根据扇体相对于盆地边缘的距离,划分了近岸水下扇和远岸湖底扇类型;根据储层砂岩的发育程度,划分为富砂扇和富泥扇;根据几何形态划分为长形扇和圆形扇;根据扇体内幕沉积相构成,划分为水道化扇、朵叶化扇。以上划分方案强调了重力流的不同成因机制或不同的沉积特色,需要注意术语的正确应用。例如,"浊积扇"应用十分广泛,但并不准确,因为一个扇体的内部包含多种流态的重力流流体活动,而并非单一的浊流成因。另外,常见的将异重流与浊流并列使用也并不合适。因此,一些学者建议使用"海底扇"和"湖底扇"作为与河流、三角洲等并列的沉积相类型。

表 5-1　海相和湖相重力流沉积的分类

分类依据	类型
重力流的颗粒支撑机制(流态)	碎屑流(泥质碎屑流和砂质碎屑流)、浊流、液化流和颗粒流
沉积物的供源和触发机制	洪水型(异重流)、滑塌型重力流
受水盆地类型	海底扇、湖底扇
扇体相对于盆地边缘的距离	近岸水下扇、远岸水下(湖底)扇
层序格架中的位置	斜坡扇、盆底扇

续表 5-1

分类依据	类型
储层砂岩的发育程度	富砂扇、富泥扇
几何形态	长形扇、圆形扇
内幕沉积相构成	水道化扇、朵叶化扇

二、重力流的流态类型及识别

浊流、液化流、碎屑流和颗粒流是根据重力流流体内部颗粒的支撑机制而划分的 4 种流态类型，其中以浊流和碎屑流最为常见。由于内在机制的差异，4 种流态重力流的地貌背景和所产生的结构、沉积构造和沉积序列存在较大的差异，也是其鉴别标志（图 5-1，岩心图版 20）。

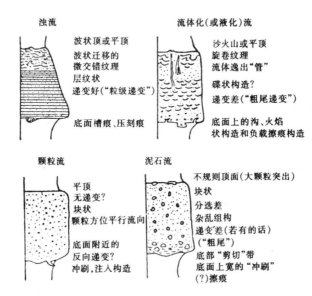

图 5-1　沉积物重力流的内部构造及垂向序列（据 Middleton & Hampton，1976）

（1）浊流。沉积物由湍流的向上分力所支撑，并使沉积物持续地悬浮于流体中。其密度小，可以在极缓的斜坡（小于 1°）上流动，因此是深海中最常见、分布最广的一种重力流。识别标志包括沉积的底部槽模、粒序递变层理和鲍马序列。尤其是鲍马序列的 Tb-c-d-e 表现为"牵引流"沉积构造，是其他类型不具备的特点。

（2）液化流。由沉积物颗粒间孔隙流体的向上流动而支撑沉积物。在富含液体（水）的松散沉积物中，当孔隙流体压力超过静水压时，颗粒保持悬浮状态，就像流沙一样。液化流可以在 2°～3° 的斜坡上流动。在流动过程中，孔隙流体因不断向上流出而减少，超孔隙流体压力也迅速消耗，液化流便开始沉积，从下而上"冻结"直到完全固化。液化流的保持条件较"苛刻"，在深海沉积中分布不广，仅局部发育。识别标志包括：底部的火焰构造、负载擦痕构造；内部的碟状构造、泄水管构造；上部的沙火山构造和顶部旋转纹理；液化流的黏度高，不产生牵引构造。

(3)颗粒流。颗粒流的形成需要很大的坡度(18°~37°),因此该概念很大程度上源于实验室工作,尚缺乏自然界的实际模式,因此对颗粒流的识别需要非常谨慎。识别标志包括底部的反向注入构造;之上反递变层理,块状构造。

(4)碎屑流。也称为泥石流,可以在1°~2°的斜坡上流动。识别标志包括:底部韧性剪切;内部粗尾递变、块状-杂乱结构;顶部大颗粒突出;基质含量高、分选-磨圆差的岩石学特征。

(5)砂质碎屑流。该概念最初由 Hampton(1975)提出。随后,Shanmugam(1996)在大量露头和岩心观察的基础上进一步完善了砂质碎屑流的内涵,指出砂质碎屑流具备6个特性:①塑性流变特征;②多种支撑机制(黏结强度、摩擦强度和浮力);③块体搬运方式;④砂和砾的含量最少(25%~30%);⑤沉积物(砾、砂和泥)占体积的浓度为25%~95%;⑥可变的黏土含量(重量至少为0.5%)(图5-2)。

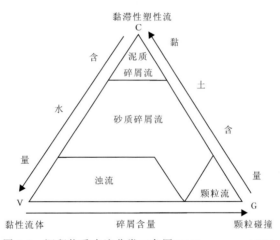

图 5-2 沉积物重力流分类三角图(据 Shanmugam,1996)

砂质碎屑流的概念是在长期挑战浊流、高密度浊流、鲍马序列等概念的基础上逐步完善的。Shanmugam(1996,2000,2012)以及我国学者将浊流和碎屑流的区别归纳为:①在流动状态上,浊流是完全呈紊流状的,其内部是一个由水和固体组成的二相流动;碎屑流则表现为纹层状的一相流动,即在线状流动间无流体的混合现象发生。②在搬运状态上,浊流表现为紊流支撑的悬浮搬运,而碎屑流表现为由杂基强度、分散压力和浮力的支撑。③在流体浓度上,浊流沉积物的浓度较低,体积浓度为1%~23%(Middleton,1993);相反,在碎屑流中沉积物的浓度较高,一般为50%~90%(Coussot & Meunier,1996)。④在沉积方式上,浊流表现为沉积颗粒由悬浮状态的顺序沉降,其沉积物表现为沉积颗粒的顺序排列,即粒序层理,是浊流沉积的重要鉴别标志;碎屑流则表现为沉积物的整体冻结(enmasse freezing),或称为"凝结"(表5-2)。

表 5-2　浊流与砂质碎屑流流体属性及沉积特征对比（据邹才能等，2009）

内容	浊流	砂质碎屑流
流态	紊流	层流
流变学特征	黏性（牛顿流体）	宾汉塑性流
流体浓度	<28%	>50%
支撑机制	向上的湍流	基质强度、分散压力以及浮力
分布位置	流体的顶部或前端	流体底部
搬运方式	悬浮搬运	块体搬运
沉积方式	由悬浮状态的顺序沉降	整体冻结
形成环境	所需坡度较小	地形相对较陡
层理构造	粒序层理	块状、反-正递变，顶部漂浮泥砾
平面展布	水道扇体	不规则舌状体
剖面形态	孤立透镜状（水道）和薄层席状	连续块状

　　基于以上不同的搬运-沉积机制，前人总结了砂质碎屑流沉积的鉴别标志为：①块状砂岩底部具剪切带，指示块体运动在一个滑动面上曾发生过滑动作用；②块状砂岩层的顶部附近存在集中漂浮的泥岩碎屑（不规则状泥质撕裂块，Rip-up mud）以及随机分布的碳质叶片等现象；③泥岩碎屑可能表现出逆粒序特征；④细粒砂岩中有漂浮的石英砾石和碎屑出现（浮力和流体强度造成）；⑤板条状碎屑组构和易碎的页岩碎屑存在；⑥上部接触面为不规则状（由于凝结作用造成），其沉积几何形体具侧向尖灭的特征，揭示了原始沉积体的整体冻结过程；⑦碎屑杂基的存在指示了流体的高浓度流动和塑性流变学特征。以上鉴别标志中，由漂浮碎屑和板状碎屑组构所体现的纹层状流动是碎屑流沉积最直接的证据。

　　近年来，砂质碎屑流概念常用来解释块状砂岩的成因。块状砂岩是深水沉积中最具潜力的储层砂体类型，此前长期解释为块状砂岩为高密度浊流成因，但存在争议。块状砂岩普遍由灰白色厚层细砂岩夹少量薄层泥岩组成，砂岩分选、磨圆好，粒度变化小、均匀，缺乏明显的向上减薄和变细趋势，局部见平行层理、反粒序递变层理、碟状构造，含少量褐红色泥砾和泥砾顺层排列等。其单砂层厚度大（70～120cm），所夹泥岩普遍小于5cm，相比典型浊流沉积的递变砂层薄（30cm左右）。因此，该类砂岩往往不能用鲍马序列很好地描述，而更适合用砂质碎屑流的概念来解释（图 5-3）。

　　砂质碎屑流的概念在鄂尔多斯盆地延长组得到了很好的应用，将盆地中心发育的块状砂岩识别为砂质碎屑流，并指出其物性优于浊流沉积砂岩。该观念的更新带来

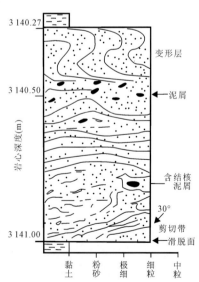

图 5-3　块状层理砂岩层中的变形层和剪切带（据 Shanmugam et al，1994）

了大量的油气发现。以上重力流流态并不是固定不变的,在合适的条件下,不同流态之间能发生转换。单个的湖、海底扇内幕包含多种流态类型,且随着搬运距离的增加、坡度的变化、粗碎屑颗粒的沉淀和流体的卷入,重力流的密度减小,流态类型发生转变。其中,临近陆架边缘发育泥石流沉积,向盆地中心逐渐转化为砂质碎屑流和浊流是普遍趋势。

三、滑塌型和洪水型重力流的沉积特点及识别

滑塌型和洪水型重力流为一个"概念对",表征了重力流的两种供源机制。其中,洪水型重力流表征洪水供源方式,现今也被称为异重流;滑塌型重力流表征为先存沉积受诱发、发生滑塌和再沉积,普遍形成砂质碎屑流。

1. 滑塌型重力流

滑塌型重力流是由堆积在地貌高地或沉积斜坡上的松软沉积物(如三角洲前缘沉积)、在重力超过沉积物剪切强度的条件下,发生蠕变→破裂→破碎→流动演变形成(图5-4)。其启动或诱发机制包括坡度增大、沉积物增厚、沉积物孔隙流体压力增加导致的沉积物液化、地震-海啸-风暴潮触发等。先存沉积物在滑动过程中产生滑动面、小断层、滑塌褶皱、包卷层理、砂泥岩碎块或角砾,是滑塌型重力流沉积的标志性特征,这些特征主要分布在湖底扇的内扇和中扇重力流水道。陆相断陷湖盆断裂活动活跃,盆缘坡度大,沉积物堆积迅速,营造了较多有利于滑塌型重力流活动的场所。

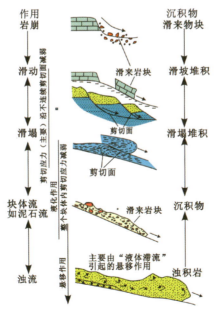

图 5-4 重力流块体的搬运类型(据 Kruit,1975)

基于大量的岩心观察,滑塌型重力流在断控陡坡带、扇三角洲前缘、断阶带和缓坡带三角洲前缘均有分布(图5-5;岩心图版21~22)。实例研究区歧口凹陷,Gs33井位于歧口主洼的北缘,为断阶背景,由3~4级雁列状正断层构成。井深 3 641.74~3 678.25m 处沙一上亚段

岩心揭示由细砂岩夹少量粉砂岩和泥岩组成,细砂岩分选中等—较好,块状,普遍含褐红—深灰色泥砾和少量深灰色泥岩碎块。其中,泥砾具磨圆,最大砾径4cm。泥岩碎块棱角分明,呈撕裂状,内部见砂泥互层组合和包卷层理,显示为滑塌型湖底扇内-中扇重力流水道微相。板深38井相邻板桥凹陷的盆缘边界断层,该井沙三下亚段岩心(深度3 633.62～3 640.64m)揭示了一个由内扇主水道→中扇分支水道→外扇席状朵叶的湖底扇退积沉积序列(岩心图版23)。

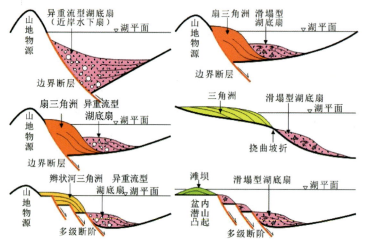

图5-5 陆相断陷湖盆异重流和滑塌型重力流沉积的构造背景

2. 异重流

异重流定义为高密度洪水流潜入低密度的盆地水体底部并沿水底长距离运移的流体。1885年Forel首次报道了罗恩河注入日内瓦湖时发生的异重流现象。1935年美国科罗拉多河胡佛坝落成蓄水,当年3月,上游发生洪水,河流携大量泥沙在胡佛大坝前沉入水底,不久后浑浊的泥水从大坝泄水孔流出(图5-6),在此过程中水库表面始终澄清。这一现象让人们意识到异重流可以携带大量泥沙沿水库底部长距离搬运而不与蓄水体相混,这对于降低水库淤积、延长水库寿命具有重要意义。

图5-6 异重流的概念应用于水库排沙

此前一般认为,当河流抵达海(湖)岸线后,其流速迅速降低且摆脱了河流堤岸的束缚,因此河流携带的碎屑物质绝大部分在河口区发生快速卸载和沉积,形成三角洲。然而,越来越多的证据表明,河流在洪水期所携带的大量沉积物能越过滨岸地区,随后在河口部位潜入盆地水体底部发生分层流动,形成异重流;随后在沿盆底斜坡流动的过程中,受周围水体扰动,产生垂向回流;进入坡底之后,产生较大的头部和向上的环流,部分沉积物发生上浮(图5-7)。总之,所形成的异重流可向盆地方向继续运移几百千米。

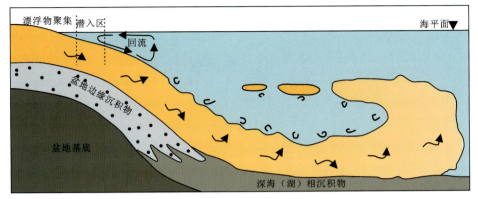

图 5-7 异重流的形成机制和流动过程

异重流沉积的岩相类型包括：①底床载荷（bed load），主要沉积细砾岩与砾质砂岩，常见的沉积构造有块状层理、叠瓦状构造、低角度交错层理、平行层理等；②悬浮载荷（suspended load），主要沉积细砂岩、粉砂岩，典型的沉积构造有平行层理、爬升沙纹层理、波状层理等；③漂浮载荷，即沉积物重新聚集和上浮部分，主要沉积水平层理泥岩和粉砂质泥岩，层面富含有机质和异地搬运的植物碎屑（图 5-8）。

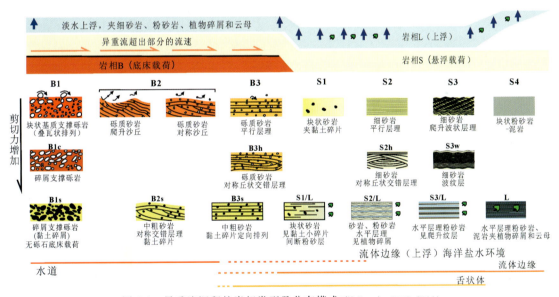

图 5-8 异重流沉积的岩相类型及分布模式（据 Zavala，2008，2011）

异重岩的沉积序列比较独特，由洪水增强期的逆粒序（Ha）和衰减期的正粒序（Hb）组成，即双向递变趋势，两者的转换处通常发育突变接触面或者侵蚀接触面（露头图版 20）。Ha 段和 Hb 段的沉积厚度从几厘米到几米不等。Ha 段依次发育爬升波纹层理、交错层理、平行层理，而 Hb 段与经典浊流垂向序列相似（图 5-9）。此外，异重流沉积形成的扇体同样具有沟道充填沉积-天然堤-沟道侧缘沉积-前缘朵叶体平面展布样式。

综上所述，异重流沉积的流动沉积构造类型多样，包括平行层理、爬升波纹层理、丘状交错层理、波状层理、水平层理等，分布在异重流中—远端的悬浮负载和漂浮负载沉积部分。在

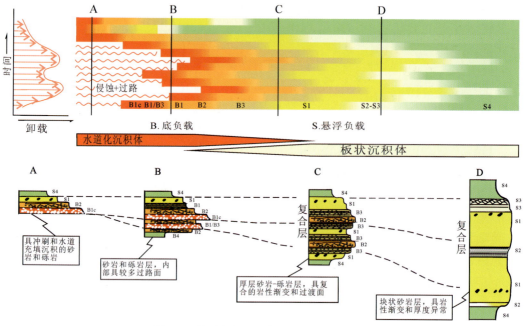

图 5-9 异重岩的沉积序列（据 Zavala，2011）

这种前提下，只有近端底床载荷的粗碎屑沉积才是异重岩独具特色的内容，其特征岩相包括基质支撑的块状砾岩（砾石常见叠瓦状排列）、碎屑支撑砾岩，是异重流沉积的识别标志。异重流沉积的流动沉积构造较普遍与异重流的高含水、低密度和低黏度等特点有关，其流态上主要表现为浊流，普遍称之为准稳态浊流。而滑塌型重力流流体具有低含水、低黏土含量和高密度的特点，流态上主要表现为砂质碎屑流，一些学者也称之为涌浪型浊流。因此，滑塌型重力流以块状砂岩为特色（表 5-3）。

断陷湖盆的湖水比海水密度低，且多受短程、强间歇性的洪水流物源供给，更容易发育异重流。有利的发育场所包括断控陡坡带、陡坡带扇三角洲沉积斜坡前、断阶带辫状河三角洲沉积斜坡前。实例研究区歧口凹陷板桥次凹南部是一个异重流发育区，代表钻井 Bs25 井 3 771.53～3 793.04m 沙二段岩心揭示了异重流湖底扇内扇重力流水道沉积，由灰色砂砾岩、含砾细—粗砂岩及少量细砂岩、细砾岩组成。砾石成分主要为白云岩和砂岩岩屑，其大小混杂，分选差，排列无定向，但磨圆较好，呈漂浮状分布于细—中砂颗粒之中，显示砂基支撑结构和砂基支撑砂砾岩岩相；沉积构造以块状-正递变为主，局部具逆递变和平行层理，且递变层理多表现为粗尾递变；岩心段由多个厚 2.5～5m 的正旋回序列组成，平行层理细—粗砂岩出现在单个旋回的顶部，旋回之间岩性突变或以薄泥岩相隔。Bs25 井揭示的湖底扇位于扇三角洲沉积体之前，较好的砾石磨圆度指示了辫状河流供源，即砂砾质沉积物由辫状河洪水流的搬运磨蚀，在河口处因水流能量迅速释放而演变为重力流。磨圆好的砾石、块状-粗尾递变层理、砂基支撑结构和砂基支撑砂砾岩岩相是异重流沉积的标志，也是砂砾岩具备较好储集性的原因（岩心图版 24）。

表 5-3 异重流和滑塌型重力流沉积特征对比

类型	异重流	滑塌型重力流
盆缘背景及沉积物供给	高坡度盆缘背景,近源洪水流(辫状河流)供给	快速堆积和构造活动背景下,各类三角洲前缘或滩坝砂体的再沉积
典型岩相、岩性组成及结构	砂基支撑砂砾岩;砾石大小混杂,但磨圆好,呈漂浮状;含少量磨圆泥砾和较多的植物碎屑;砂基支撑结构	粉—细砂为主,分选中等;常见深灰色泥砾或砂泥岩碎块(撕裂屑);局部见顺层泥砾
典型沉积构造	逆或正粗尾递变层理、平行层理、爬升波纹层理和交错层理;砾石叠瓦状构造	块状构造、递变层理、滑塌构造、包卷层理、液化构造、泄水构造
沉积序列	反序—正序的二元结构;清晰完整的鲍马序列	普遍不完整或不能用鲍马序列描述
粒度分布特征	双峰(双众数)直方图,二台阶式累计概率曲线	正态单峰直方图,上拱式累计概率曲线
流体特征及流态	高含水、低密度、低浓度和低黏度;准稳态浊流	低含水、低黏土含量、高黏度、高密度;砂质碎屑流或涌浪型浊流

另一口实例钻井 Qn6 井位于歧口凹陷歧南次凹的南缘断阶带。该部位于沙河街组沉积时期辫状河三角洲→湖底扇沉积向次凹中心依次发育。沙一中亚段(井深 3 398.5～3 411.3m)岩心由灰色厚层砂砾岩、砾岩夹少量粗砂岩和深灰色泥岩组成。砾岩成分主要为灰岩和砂岩岩屑,其大小混杂,分选差,最大砾径达 12cm;但磨圆较好,呈圆—次圆状;砾石呈漂砾状,分布于中—粗砂岩中,显示砂基支撑结构;沉积构造以块状为主,局部发育正或逆粗尾递变层理。粗砂岩呈块状,少量发育平行层理。薄泥岩夹层呈深灰色,水平层理,含较多介形虫化石,指示较深水体。进一步结合弱齿化高幅箱型—钟型测井相,厘定该层段属内扇重力流水道沉积(岩心图版 25)。

异重流和滑塌型重力流沉积学研究近年来取得的认识较多,但也存在值得注意的地方:①异重流的研究方兴未艾,由于异重流沉积中常见流动沉积构造,因此一些学者提出此前较多的异重流沉积可能被误判为其他沉积相类型。但反过来说,洪水流在多种沉积相的发育过程中发挥着重要的作用,冲积扇、辫状河、辫状河三角洲、扇三角洲、近岸水下扇等沉积相均包含较多异重流的沉积成分,因此需要避免将这些沉积相误判为湖底扇。②由于活跃的构造活动和丰富的沉积物供给,陆相断陷湖盆内异重流和滑塌型重力流沉积十分普遍。大型湖底扇的发育普遍与湖平面大幅度下降和突发的构造活动存在联系。湖平面下降导致的河流回春,侵蚀下切,水动力增强,能携带大量的沉积物越过三角洲平原,到达河口部位,形成异重流。湖平面下降也能导致早期沉积赋存状态不稳,从而诱发滑塌型重力流。③异重流和滑塌型重力流是湖底扇或海底扇的主要营建力量,但单个扇体的发育过程中可以同时存在异重流和滑塌型重力流活动,并非单一成因。例如,三角洲、扇三角洲前缘既是异重流活动的有利场所,也是滑塌型重力流活动的有利场所。

四、斜坡扇与盆底扇沉积特点辨析及识别

盆底扇与斜坡扇直观上表现在分布位置的差异,对应于海平面变化的不同阶段,其沉积特征存在较大的差异。

1. 盆底扇

盆底扇分布在斜坡下部或盆地深处,上超在盆底之上,对应于海平面快速下降期,沉积物源自下伏层序高位三角洲沉积砂体,经冲刷、滑塌而成。因此,盆底扇主要由碎屑流沉积的块状砂岩构成,具有高的砂泥比、砂岩干净、分选好和较好的储集性等特点。一般来说,盆底扇的厚度不太大,一般为30~90m,但分布范围广,在地震剖面上常表现为具有连续的、较强振幅的反射特征。在测井曲线上,盆底扇常呈箱型,并与上覆或下伏岩层之间突变接触。盆底扇直接位于层序边界之上,并与下伏未受侵蚀的高位和上覆欠补偿盆地沉积相接触,因此容易形成构造-岩性圈闭。

珠江口盆地白云凹陷是我国深水扇油气勘探的代表地区,LW3-1井区珠海组岩心揭示了盆底扇沉积,主要由块状砂岩组成,表现为砂质碎屑流作用,特征包括:①砂岩分选、磨圆好,由细砂岩夹少量薄层泥岩组成,含较多白云母片。②含少量褐红色泥砾,指示暴露陆架物源,而不是水下侵蚀产生的物源(普遍为深灰色)。③生物碎屑和碳屑纹层。含较多灰白色长条状生物碎屑和少量灰黑色碳屑纹层。生物碎屑为滨海滩坝砂岩的标志性特点,较多生物碎屑指示滨岸滩坝沉积的物源供给。④深灰色泥砾,分布于单层砂岩顶部。⑤顺层碎屑组构。含少量长条状碎屑、泥砾顺层排列。⑥底面火焰状构造,指示水滑作用。⑦不能用鲍马序列来描述。块状为主,局部见平行层理、反粒序递变,大多缺乏明显的向上减薄和变细趋势。⑧厚度大,多期叠置,泥夹层薄。一个被泥岩分隔的砂层就是一期重力流沉积。单层砂岩厚70~120cm,粒度变化小、均匀;泥夹层厚度普遍小于5cm。相比,浊流沉积砂层薄,研究区识别递变层理砂岩厚度仅30cm左右。所夹泥岩普遍呈深灰—褐灰色,块状-水平层理,少量波状层理。⑨半深海—深海环境,泥岩纯,不含砂质条带和潜穴化石,含少量不规则黄铁矿结核(岩心图版26~27)。

2. 斜坡扇

作为低位体系域的一部分,斜坡扇常上覆在盆底扇之上,下伏于低位前积楔状体之下,它是由块体流、浊流水道和越岸沉积物构成(露头图版20~22)。它形成于相对海平面下降晚期和上升早期,比盆底扇具有更低的砂泥比值。厚层的砂岩形成于相对狭窄的水道之中,而泥岩发育于水道两侧。斜坡扇主要形成于浅海环境,其最主要的沉积单元是具有天然堤的水道沉积。具天然堤的水道是在河流携带的沙流经深切谷或峡谷时形成的,沙沿水道搬运沉积,而泥则形成天然堤或越岸沉积。在具天然堤水道的末端,砂质沉积物扩散形成薄层、水道化的朵叶(图5-10)。具天然堤水道的规模变化明显,水道宽度为几百米至几千米,在一个三级

层序中往往多期发育,可出现 6~8 个具天然堤的水道。越岸砂和水道末端朵叶砂尽管很薄,但具有良好的连续性、较好的孔隙度和渗透率,油气产量可能会很高。白云凹陷 LH29-1 井区揭示斜坡扇沉积,砂层多且普遍薄,少量厚砂层为重力流水道沉积,天然堤较发育,且鲍马序列等发育较典型,浊流沉积作用较普遍(岩心图版 28~29)。

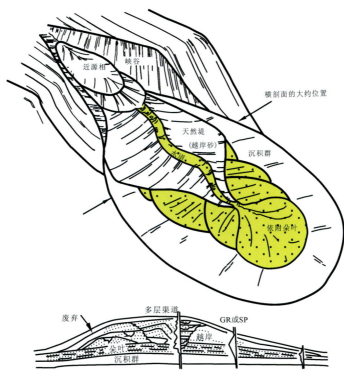

图 5-10　具天然堤水道的斜坡扇沉积样式(据 Mitchum,1993)

五、海底扇的沉积模式及微相构成

深海调查表明,在大多数陆坡下部的海底峡谷外的深海底,都有规模巨大的扇状沉积体——海底扇,包括上扇(内扇)、中扇和下扇(外扇)3 个组成部分。其中,上扇呈上凹的断面形态,发育一个直或弯曲的主扇谷,谷两侧发育天然堤。中扇呈上凸的断面形态,主扇谷分裂出许多曲流状或网状的分流水道,活动或废弃频繁,水道轴部可深达几十米,宽达 1km。中扇下部,水道末梢发育沉积朵体。下扇具有上凹的断面形态,地势平坦,具有许多无堤的小水道。从重力流流态上,海底扇从扇根到扇端沉积物分布为滑塌、碎屑流、液化流、颗粒流沉积物→近端浊流(高密度浊流)→末梢浊积岩(低密度浊流)(露头图版 23~25)。以上特征在 Walk(1978)建立的海底扇沉积相模式中得到了充分体现(图 5-11)。

海底扇平面展布,尤其是富砂/富泥特征还受到多种因素的影响,包括物源区构造背景、古地貌、物源供给系统、盆缘宽窄和坡度、盆内二级搬运及沉积机制、海平面变化等。前人因此建立了不同的沉积模式:①粗粒富砂海底扇模式,适用于活动大陆边缘,具(陆上)短程搬运、陆架窄、盆内搬运不充分等特点;②细粒富泥沉积模式,适用于被动大陆边缘,具有(陆上)长远河流供源、宽阔的陆架和盆内搬运充分等特点(图 5-12)。

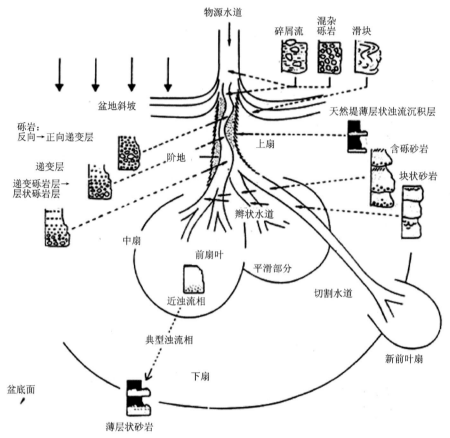

图 5-11 海底扇沉积相平面模式(据 Walk,1978)

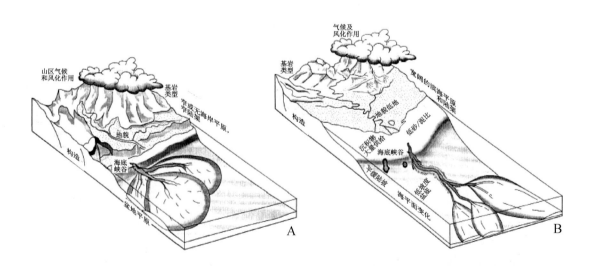

图 5-12 粗粒富砂(A)和细粒富泥(B)海底扇沉积模式

尽管海底扇的类型多样,但其亚相、微相构成有着诸多共同的特征。在露头和岩心观察中,海底扇沉积相识别包括岩性组成、沉积构造和沉积旋回依据:①内扇主水道沉积物粒度粗,砂层厚。其底部冲刷,含较多泥砾和碎块;之上以块状砂岩为主,呈不明显的、多期叠置的正旋回,指示为少量天然堤发育的辫状水道-天然堤沉积。②中扇发育弯曲水道-天然堤、决口扇、漫溢沉积,地层含砂率降低,砂层减薄,块状-递变砂岩较发育。其中,弯曲水道-天然堤表现为长渐变的正旋回;上覆漫溢沉积由砂岩、泥岩薄互层组成,缺少旋回性;决口扇沉积呈反旋回。③外扇发育席状朵叶沉积,表现为砂层薄、延伸远,砂泥频繁薄互层,呈反复叠置的反旋回,以递变和纹层砂岩岩相为主(露头图版26~28)。

六、湖底扇的类型及沉积模式

由于控盆断裂的强烈活动、陡峻的盆缘坡度、短程间歇性物源供给和快速堆积等原因,湖盆是重力流频繁发育的场所,且类型多样,并在陡坡和缓坡带有着不同的分布。

1. 近岸水下扇

近岸水下扇发育于断陷盆地的深陷扩张期,分布于控盆断裂上盘的深水区(图5-13)。平面上向凹陷中心方向细分为内扇、中扇和外扇。

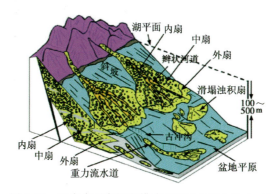

图5-13 近岸水下扇沉积模式(据张鑫和张金亮,2008)

(1)内扇:主要发育一条或几条主水道,沉积物为水道充填、天然堤及漫堤沉积,主要由杂基支撑砾岩、碎屑支撑砾岩-砂砾岩夹暗色泥岩组成。其中,杂基支撑砾岩具漂砾结构,砾石杂乱排列,甚至直立,不显层理,顶部突变和底部具冲刷,为碎屑流沉积;砂屑支撑砾岩-砂砾岩,具正、反递变层理,上部可以出现模糊交错层理,为砂质碎屑流的产物。

(2)中扇:以缺乏天然堤、水道宽浅、容易迁移的辫状水道发育为特征,由碎屑流沉积砾-砂岩组成,且在垂向剖面上多期叠置,冲刷面发育,中间少或无泥岩夹层,块状-递变层理。水道间的细粒沉积物以鲍马序列的上段为主。

(3)外扇:为深灰色泥岩夹中—薄砂层,以发育鲍马序列的Tb-c-d-e为主,为低密度浊流特征。因为近岸水下扇发育于水下,因此全部与暗色泥岩互层。

2. 带供给水道的远岸湖底扇

该类湖底扇常发育于断陷盆地深陷期的缓坡一侧,是一种供给水道(沟谷)-重力流的沉积体系。在湖滨斜坡上发育切谷(断槽),岸上洪水携带的大量泥沙通过该切谷搬运,形成供给水道,直达深洼中堆积,形成离岸较远的重力流扇体,总体表现为由一条供给水道和多个舌形体构成的复合体,进一步细分为供给水道、内扇、中扇和外扇。其中:①供给水道沉积物可以是水道充填的粗碎屑(碎屑支撑砾岩、紊乱砾岩、砾状泥岩、滑塌层等),也可以是泥质沉积物。②内扇由一条或几条较深水道和天然堤组成。水道沉积为大套杂基支撑砾岩、碎屑支撑砾岩、砂砾岩夹暗色泥岩组成;天然堤沉积具鲍马序列。③中扇为分支辫状水道区,发育典型的叠置砂(砾)岩,单一序列呈粒度向上变细的正韵律,为砾质至砂质碎屑流的产物。④外扇岩性为薄层砂岩与深灰色泥岩互层,属浊流沉积。

七、底流改造作用及识别

深水牵引流的观念至今已被广泛接受,类型包括等深流和内波-内潮汐,来自大西洋的现代海底调查表明,这两类沉积分布十分广泛。然而,此前在古代沉积物中识别的深水牵引流沉积却十分有限,引发了沉积学家的深思。该疑问在对鲍马层序的成因解释中得到了初步的答案。

鲍马序列是 Bouma 在 1962 年通过对法国南部阿尔卑斯山脉 Maritime 地区 1061 层浊流沉积的研究基础上提出来的,自下而上由 Ta-b-c-d-e 共 5 个单元构成,代表了一次浊流事件的沉积。实质上,除了 Ta 段,Tb-c-d 均发育牵引流沉积构造,分别为平行层理、波状层理-爬升波纹层理、水平层理,这种重力流沉积构造和牵引流沉积构造并存的面貌,曾经让众多的地质学者大惑不解。另外,Shanmugam(1996,2000,2012)指出,鲍马序列在实际观察中提出,但至今为止没有一个水槽实验能完整建造出"鲍马序列"。因此,他对阿尔卑斯的始新世—渐新世 Annot 砂岩进行了重新观察,并提出:①鲍马序列是砂质碎屑流、浊流、牵引底流共同作用的结果;②作为浊流的鉴别标志,递变砂岩只分布在鲍马序列 Ta 段的上部,浊积岩不能形成漂浮砾石,不发育逆粒序;③Ta 段下部的块状砂岩属砂质碎屑流沉积;④Tb-c-d 段属于深水底流作用的产物,尤其在海底峡谷中的潮汐流成因。也就是说,鲍马序列是深水沉积的岩相组合,是多种流态作用的结果,浊流只是其中的少部分(图 5-14)。

深水底流的改造已通过现代海底底流测速等实验证实。Shepand(1979)记录了内波-内潮汐沿海底峡谷向上、向下流动,向上流速可达 100cm/s;向下流速可达 265cm/s,其水动力足以侵蚀和搬运砾级颗粒,且水流活动的周期正好与潮汐活动的周期一致。这些峡谷或其他各种类型的沟谷起着汇集作用,可以增强潮汐和内波的能量——形成高能内潮汐,从而对水道沉积物进行改造(图 5-15)。

除了以上对鲍马序列的成因辨析之外,海底扇沉积存在牵引流改造的证据还包括:①递变砂岩之上的纹层砂岩结构成熟度较好,底面具明显侵蚀性或截然的界面,指示沉积作用不连续;②纹层砂岩中夹泥岩或由砂泥岩薄互层组成,发育波状-脉状-透镜状层理以及双黏土层,显示了内波-内潮汐的改造沉积;③纹层砂岩中发育浪成波纹交错层理,不同于鲍马序列

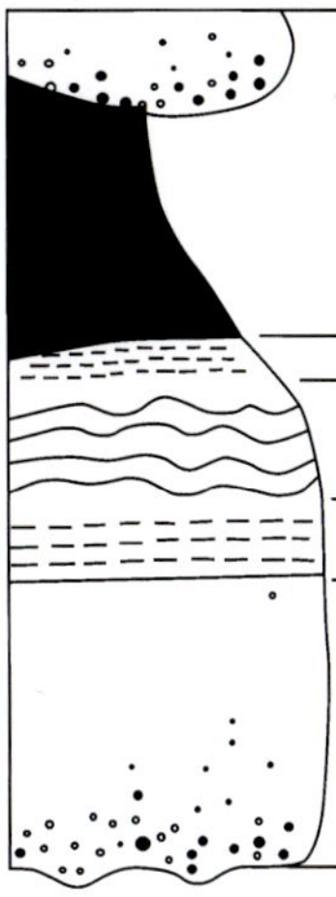

第五章 重力流的沉积特点及识别标志

	鲍马段	Middleton & Hampton (1973)	Lowe (1982)	Shanmugam (1997)
	Te	纹层到均匀的	远洋泥质和低密度浊流	远洋和半远洋泥质	远洋和半远洋泥质
	Td	上部平行纹层	浊流	低密度浊流	底流改造
	Tc	沙纹、波纹或旋卷纹层			
	Tb	板状平行纹层			
	Ta	块状的、递变的		高密度浊流	砂质碎屑流（若有递变，为浊流）

图 5-14 鲍马序列的不同成因解释

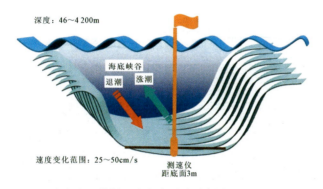

图 5-15 海底峡谷横剖面内潮汐活动示意图（据 Shanmugam,2003）

纹层砂岩的平行层理和爬升波纹层理；④交错层理等指示的水流方向与槽模指示的水流方向不同；⑤一些海底扇发育于浅海背景，常常受到风暴作用的改造，纹层砂岩频繁出现，且局部发育厚层的纹层砂岩，发育渠模、丘状交错层理、波状交错层理、浪成波痕、较多的潜穴和生物扰动构造；纹层砂岩与块状-递变层理砂岩之间存在明显的界面或岩性明显变细，指示沉积作用不连续。因此，底流改造作用的识别，首先需要确定海底扇沉积，即重力流作用标志；其次是底流改造作用。当底流改造十分强烈、以致重力流沉积反而不明显时，需要结合沉积体所处盆地位置，并结合其他手段首先厘定海底扇沉积。

底流改造作用十分广泛。本书实例区广西百色地区三叠系，前人研究识别了海底扇沉积和风暴沉积，由于风暴沉积同样能形成递变层理砂岩和类似鲍马序列的沉积序列，以致出现沉积相认识的分歧。王家豪等（2018）依据在百色田林地区累计地层厚度约 300m 的露头观察，得出了浅海背景下风暴改造海底扇沉积的创新认识。另一个实例来自珠江口盆地白云凹陷新近系珠海组，岩心观察识别了潮流改造的斜坡扇重力流水道沉积。水道沉积呈正旋回，单个旋回下部为块状砂岩；之上逐渐增加夹泥岩，显示波状层理和透镜状层理，并发育双黏土层等典型潮流作用标志。天然堤处于海底地貌略高于河道，沉积物粒度细，潮流改造特征也较常见。另外，泥岩中见较多生物潜穴化石和强烈的生物扰动构造，潜穴以水平潜穴为主，简单管状,局部直径 0.3~1cm,长度大于 3cm,最长达 10cm,指示浅海背景(岩心图版 30~31)。实际上,对该底流改造海底扇识别中,仅少量块状砂岩存在,其他大部分夹泥质纹层,且含较多潜穴,以致与潮流沉积等难以区分,但通过地震属性提取首先显示为重力流水道,最终得到准确的认识。此外,莺歌海盆地黄流组东方井区也揭示了浅海背景下海底扇沉积(岩心图版 32)。

第六章 几种典型的事件沉积及识别

事件沉积于20世纪80年代初期开始风靡沉积学领域。在此之前,沉积学家受均变论哲学的支配,过多地注意了沉积层的韵律性和旋回性。事件沉积的研究带来了新思想,扩大了沉积学家的视野。1982年,Einsele & Seilacher主编的文集《*Cyclic and Event Stratification*》问世,该书以海相沉积为例,讨论了沉积层的旋回记录和事件性记录的相互关系与区别,把沉积物(岩)区分为两类,一类称旋回沉积物,另一类称事件沉积物(Event deposits)。旋回沉积物是指因沉积速率、沉积物粒径、成分等的周期性变化而连续堆积的沉积物。事件沉积物是在各种地质事件中形成的沉积物,一般包含了侵蚀和沉积两种作用留下的沉积构造。大的灾变必然在沉积物中遗留记录,反过来,事件沉积也因此成为揭示灾变事件的窗口。事件沉积类型多样,如风暴、地震、火山等活动及带来的沉积。重力流沉积实质上也归属为事件沉积,但其影响范围大,因此单独列出。

一、风暴沉积与风暴岩

作为一种极端天气,现代风暴活动越来越频繁,所引起的巨大灾变事件受到气象学家的重视(杨馥祯,吴胜安,2007;图6-1)。其导致的沉积作用对古代风暴岩的识别具有很好的借鉴作用,因此也吸引了地质学家的关注。风暴沉积和风暴岩的概念在20世纪70年代提出(Kelling & Mullin,1975;Kumar & Sanders,1976)。随后,Dott & Bourgeois(1982)和Aigner(1982)等研究了风暴岩的沉积特点,建立了风暴沉积的垂向序列。我国的碳酸盐风暴

图6-1 海上风暴气旋(图片来自网络)

岩分布的地层层位多,范围大,发育在浅海陆棚、台前缓坡和潮坪滨岸等不同的水深环境(宋金民等,2012)。前人采用不同的划分依据,将风暴岩划分为原地型-异地型、远岸型-近岸型、远源型-近源型、回流型-涡流型-搅动型等风暴岩类型(孟祥化等,1986;金瞰,1997;胡明毅,贺萍,2002),体现了其成因及分布的多样性(图6-2)。

风暴岩的研究首先需要分析正常天气的碳酸盐沉积相,厘定风暴岩发育的古地貌、古环境和物源等信息;随后,依据典型沉积构造、风暴岩相和沉积序列,识别风暴岩和风暴诱发的重力流沉积(Dot & Bourgeois,1982;孟祥化等,1986;杜远生,2005;张哲等,2008)。本章实

例研究区山东省东部寒武系炒米店组砾屑灰岩频繁产出(>100层),蕴含着丰富的风暴沉积现象。

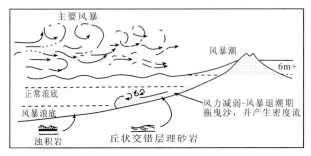

图6-2 风暴作用图解(据Norward & Nelson,1983)

1. 底部侵蚀-冲刷

底部侵蚀-冲刷形成的沉积构造包括冲刷面和渠模两类。冲刷面是一种截切下伏岩层、呈波状起伏的面状构造,普遍发育于砾屑灰岩的底部,指示为风暴高峰阶段风暴浪或减弱阶段风暴回流成因。风暴作用导致浪基面降低——风暴浪基面,从而对早期沉积侵蚀、冲刷、撕裂和再沉积,形成与下伏正常天气沉积之间的突变界面。渠模呈内壁光滑、对称或不对称的"U"形、"W"形或不规则的宽槽状,内部充填粉-砂屑灰岩、砾屑灰岩。其中,发育于台前浅缓坡的渠模规模减小,宽3~6cm,深2~4cm,多为粉-砂屑充填;发育在台缘砾滩至开阔台地环境的渠模规模大,宽15~50cm,深15~30cm,形状不够规则,砾屑充填。发育在台缘砾滩环境的渠模数量多,其充填砾屑的颜色、大小和排列方式以及基质颜色与砾滩沉积的砾屑灰岩存在明显差异,由此显示渠模的侵蚀切割特征(露头图版29)。

渠模构造由风暴气流摩擦海水、形成强大的定向水流或涡流在海底旋切早期沉积物形成(Pérez-López,2001;杜远生,2005)。风暴气流或飓风俗称龙卷风,根据对现代风暴的观察,其持续的时间较短,最长不超过数小时,它的出现常常伴生一个或数个漏斗状云柱,所产生的强大提升力在陆地能轻易把大树连根拔起,在海面上则能吸水上升形成高达数米或数十米的水柱,与云层相接,俗称"龙吸水"。渠模内充填的砾屑普遍呈高角度或放射状的异常排列方式,是渠模受控于风暴涡流作用的有力证据。

2. 风暴岩相类型

风暴岩相类型包括砾屑灰岩、含砾砂屑-砂屑灰岩和粉屑灰岩等,具有不同的沉积结构和构造,构成风暴岩相(露头图版30)。

砾屑灰岩是碳酸盐风暴岩中最为突出的标志性岩相类型,俗称竹叶状灰岩。山东省东部寒武系炒米店组砾屑灰岩呈宽50~100cm、厚10cm左右的透镜状或厚10~30cm的薄层状产出,砾屑以长2~5cm、宽0.4~1cm的长条状为主,由正常天气沉积的碳酸盐岩遭受风暴流冲刷和风暴浪的震荡作用而发生撕裂、破碎形成,属风暴同生或准同生成因。前人研究中注意到砾屑灰岩中砾屑呈倒"小"字形、砥柱状、放射状等异常排列方式。但野外观察表明,砾屑的排列方式存在规律性。根据砾屑的颜色、磨圆度、排列方式、充填物和支撑结构等岩石学特征的差异,并结合围岩的沉积相类型,砾屑灰岩可划分为不同环境和成因机制的多种岩相类型。

(1)紧密堆积棱角状砾屑灰岩相:砾屑呈灰色,棱角状,大小不一,堆积紧密,颗粒支撑;基质呈灰色,含量低,仅少量充填砾屑缝隙。该砾岩相形成于台地缓坡带,直接由该相带正常天气沉积的碳酸盐岩经风暴浪挤压破碎、原地或短距离搬运沉积形成。

(2)基质支撑砾屑灰岩相:砾屑包括灰白色和具薄氧化圈的混合砾屑,以次棱角—棱角状为主,分选极差,杂乱排列,褐红色基质支撑。该类岩相是由风暴回流搬运至台前斜坡形成的碎屑流沉积,砾屑和基质源自开阔台地和时常暴露的潮坪(孟祥化等,1986;李壮福,郭英海,2000)。

(3)砂屑支撑砾屑灰岩相:砾屑磨圆好,砂屑支撑,反映台地边缘砂屑滩、砾屑滩供源,由风暴回流搬运至台前缓坡形成高密度浊流沉积。

(4)水平-叠瓦状砾屑灰岩相:该岩相以砾屑支撑、砾屑呈平行或叠瓦状排列为特色,局部见双向叠瓦状构造,类似于双向交错层理,为风暴浪、风暴潮流在台地边缘形成的砾滩堆积(孟祥化等,1986;张国栋等,1987;金瞰,1997)。

(5)放射状排列砾屑灰岩相:以砾屑呈放射状排列为特色,是风暴涡流作用的标志。区分为混合砾屑和灰色砾屑2种。其中,混合砾屑常常嵌入在叠瓦状砾屑灰岩内部,与叠瓦状砾屑灰岩在砾屑大小、颜色和排列方式存在明显差异,由发育在台缘砾滩的渠模充填形成。灰色砾屑源自台前缓坡,围岩为灰岩夹薄层页岩,为台前缓坡带风暴涡流成因。

(6)递变层理含砾砂屑-砂屑灰岩相:该岩相类型在台前缓坡和开阔台地带少量发育,普遍较薄,厚2~20cm。含砾砂屑灰岩中砾屑常具氧化圈,磨圆好,向上逐渐减小,减少至砂屑灰岩,显示粗尾递变层理,指示为高密度浊流至低密度浊流沉积。

(7)纹层状粉-砂屑灰岩相:纹层状粉-砂屑灰岩在研究区少量发育,厚3~15cm,具波状交错层理、平行层理或丘状交错层理,常常覆盖在砾屑灰岩、含砾砂屑灰岩或渠模之上,体现与风暴作用的成因联系。其中,丘状交错层理以纹层向脊部发散增厚为特征,丘高2~4cm,宽可达60cm。

3. 风暴沉积序列

理想的碳酸盐风暴沉积层序,自下而上由①冲刷底面、渠模及砾屑段;②递变段;③平行纹层段;④丘状纹层段;⑤水平层理泥岩-泥晶灰岩段组成,总体为一个正旋回序列(Aigner,1982;宋金民等,2012;图6-3)。然而,在实际的野外调查中,完整的风暴沉积序列十分少见。基于对砾屑灰岩的成因和围岩沉积相认识,风暴沉积序列在不同环境存在较大差异:①在台前缓坡带,风暴沉积序列常见自下而上由底部冲刷面→砾屑灰岩(紧密堆积砾屑灰岩相、基质支撑混合砾屑灰岩相或砂屑支撑砾屑灰岩相)→递变含砾砂屑-砂屑灰岩相→纹层状粉-砂屑灰岩相构成。此外,还存在由小型渠模充填、上覆纹层状粉-砂屑灰岩相构成的序列;由单独的砾屑灰岩构成的序列。②在台缘砾滩相,常见由水平-叠瓦状砾屑灰岩相和渠模充填的放射状砾屑灰岩相构成的序列。③滩后潮坪-开阔台地相带,常见砾屑向上减少的水平砾屑灰岩相构成的序列,常见多期叠置,之间以冲刷面分隔,局部上覆递变含砾砂屑-砂屑灰岩相→

纹层状砂屑灰岩相,推测为风暴浪冲越台缘滩,在向陆一侧的滩后潮坪-开阔台地堆积形成(李壮福和郭英海,2000;胡明毅和贺萍,2002)。④渠模除了出现在序列的底部,还常常孤立出现在正常天气沉积层内,且砾屑灰岩底部也并不总是出现渠模(露头图版31)。

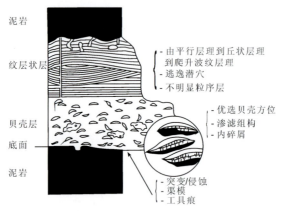

图 6-3 风暴沉积序列(据 Kreisa & Bambach,1982)

总体上山东省东部炒米店组风暴岩发育于台前浅-深缓坡、台地边缘、开阔台地等不同环境,包括风暴浪-潮、风暴回流和风暴涡流等水动力机制,形成碎屑流、高密度—低密度浊流、风暴砾滩和渠模充填等风暴沉积,由此形成不同类型的沉积序列(图 6-4)。

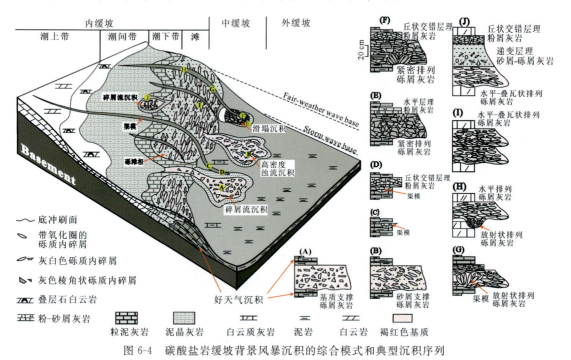

图 6-4 碳酸盐岩缓坡背景风暴沉积的综合模式和典型沉积序列

二、震积作用与震积岩

震积作用是指在不同构造与沉积背景下、地震作用过程中地壳颤动引起的各种作用力

(地震振动力、剪切力、挤压力和拉张力等)对沉积物的改造作用。震积作用既包括地震对先成沉积物的改造(原地),也包括由地震触发引起海啸沉积作用(接近原地)或重力流(碎屑流和浊流)沉积作用(异地)(杜远生和韩欣,2000)。

地震活动是地壳内部巨大能量快速释放的过程。对于现代地震,人们可以通过仪器测量其震级或能量。对于地质历史时期的地震必须根据地层中的地震记录进行研究(Mutiietal,1984;Seilacher,1984;乔秀夫,1996),主要表现为沉积物中大量的特征变形构造。早在20世纪中叶,Heezen和Ewing(1952)与Heezen和Dyke(1964)就对1929年加拿大格兰德班克地震引起的浊流和海相地层中的地震位移与沉积变形构造进行了研究。之后,许多学者都对地震活动引起的沉积物变形构造及其形成机理进行了系统研究(Mohindra & Bagati,1996; Bhattacharya & Sandip,1998; Plaziat & Ahmamou,1998; Vannesteetal,1999; Shikietal,2000)。

地震作用既可以发生在大陆也可以发生在海底,既可以对地表浅层沉积物也可以对地下深层沉积物,既可以对非固结沉积物也可以对已固结沉积物产生影响,因此震积作用可以表现为对大陆沉积物(包括地表和地下)的改造(如地震时常见的地裂缝、砂岩墙、砂火山、泥火山及地下沉积物变形),也包括地震、海啸及其触发的重力流对海底沉积物的各种改造。根据地层中的地裂缝、层内错开、层内阶梯状断层及层内褶曲鉴别地史中地震记录是地质学家常用的手段。

本书讨论的震积岩主要涉及地震活动对原有尚未固结的沉积物进行改造,不考虑地震活动触发的滑塌和重力流沉积。这些沉积构造与原来岩石中的沉积构造并非同时形成,容易造成两者的混淆,扰乱对原有沉积相的判断。结合前人野外观察和室内物理模拟实验,震积岩中典型沉积构造叙述如下。

(1)砂尖与流动构造,也称为液化砂岩脉、砂岩墙构造。在地震导致的初始液化期,液化层上覆沉积层底部出现喇叭形的砂尖构造。由于液化层自由水和细粒物质混合体不断向砂尖处运移,并继续向上管涌而形成竖直或斜穿沉积层的砂岩脉或岩墙。砂岩脉呈不规则状延伸,并切穿围岩的水平层理,脉体与层面垂直或者斜交,少数与层面基本平行。砂岩脉规模不等,一般宽0.2~5cm,长1cm至几十厘米;形态各异,呈不规则脉状、板状或者蠕虫状等。有的中部膨大,向两端变细、尖灭,且分叉现象较普遍,平面上无统一走向;有的下部小、上部膨大。

(2)负荷构造及球状-枕状构造(load-casts and balls-pillows)。为与震积作用伴生的沉积构造,此类构造多出现在以泥质沉积物为主的层段中,地震液化作用结束后,沉积物体积收缩,地面下沉,在振动和重力作用下,上覆细砂、粉砂层向软性泥质沉积物中沉陷而成的,振动强烈而形成砂球沉入下伏泥岩中。

(3)液化卷曲变形构造。振动液化卷曲变形构造主要表现为粉砂岩、泥岩条带在层内发生明显褶曲,形成一系列形态各异的小型褶曲,呈波状、槽状起伏。

(4)沙侵蘑菇。主要发育于泥质夹薄层砂岩岩系中,表现为分选较好的细砂、粉砂侵位在上覆的泥质粉砂岩中,形成沙枕、沙侵蘑菇。剖面上,砂体呈蘑菇状、纺锤状或不规则状;层面上,砂体呈带状。有些沙侵蘑菇内部发育纹层,表现为内、外层砂岩特征存在差异。外层泥质含量较高,且发育多层同心状纹层,而内层砂岩则粒度稍大,泥质较少。

(5)砂漏斗构造。振动产生的地裂缝,细砂岩充填在其中形成。

(6)地震角砾岩构造。地震角砾岩多为黑色泥岩岩块,少量为粉砂岩岩块。角砾无磨圆和分选,呈复杂的拉长、侧向变细和弯曲,具撕裂状和藕断丝连痕迹。其形成机制为泥质沉积物固结程度低,在受到地震波冲击后被抖动破碎。

此外还发育微断层、泄水构造、液化摆动构造等。

实例研究区鄂尔多斯盆地南部中—上三叠统钻井揭示了较多震积岩和多层凝灰岩,时间上与秦岭洋最终关闭对应。该时期华北与扬子克拉通拼接,秦岭地区全面碰撞造山,盆地南部受秦岭碰撞造山的影响,发育南北向逆冲带,并沿逆冲带发生强烈的地震-火山活动,钻井揭示的震积岩正是该区域构造活动的记录。震积岩常见液化变形、砂岩墙、球状-枕状、微断层等准同生变形构造,这些沉积构造普遍发育于分支间湾复合沉积中,36口钻井中有23口观察到震积现象。研究区古地貌平缓,缺乏类似三角洲前缘变形构造发育的斜坡环境,较常见的卷曲变形层理反映为液化成因,并与地震事件有关(岩心图版33~36)。配合研究区夹火山凝灰岩、凝灰质砂岩等特殊岩性,认为地震事件与火山活动存在内在联系。

上述准同生变形构造多产生在水下分支间湾沉积内部,因为水下分支间湾泥岩的封盖,流体未能在压实中充分溢出,薄层的砂岩保持塑性状态发生变形。因此,这些变形构造能反映构造活动的时间。震积作用产生的砂岩墙、砂岩脉和泄水构造等增加了油气垂向运移的通道,岩脉中常见沥青或油迹为其提供了证据。

三、火山活动与火山碎屑岩

火山活动形成的岩石包括火山熔岩和火山碎屑岩两大类。火山碎屑岩由火山喷发的碎屑物质沉积形成,常见的包括由火山灰沉积形成的凝灰岩和由火山碎屑物质沉积形成的火山角砾岩(图6-5)。此外,还包括火山岩母岩被风化剥蚀逐渐堆积,形成的由火山碎屑物质构成的岩石。因此,火山碎屑岩属火山岩与沉积岩之间的过渡类型。当今,我国在火山熔岩-碎屑岩中发现了大量的油气藏,对其沉积和成岩作用的研究正在加紧实施,以增进对相关储集性及控制因素的理解。

图6-5 现代火山喷发景观
(图片来自网络)

1. 火山熔岩

火山熔岩不属沉积岩的范畴,但对火山碎屑岩的识别、岩相划分及成因分析具有启示意义,不可或缺。火山熔岩因成分而异,基性的喷出岩为玄武岩,中性的喷出岩为安山岩,酸性的喷出岩为流纹岩,半碱性、碱性喷出岩则为粗面岩和响岩。喷出岩多具气孔、杏仁和流纹等构造,多呈玻璃质、隐晶质或斑状结构。玻璃质的黑曜岩、珍珠岩、松脂岩、浮岩等喷出岩称为火山玻璃岩。气孔构造、杏仁构造也是火山熔岩的两种典型构造和识别标志。

(1)气孔构造(vesicular structure):是由于岩浆喷出地表时,在温度、压力骤然降低的条件下,溶解在岩浆中的挥发分以气体形式大量逸出,形成形态不一、大小不同的气孔状构造。通常意义上的气孔指肉眼可见的大气孔,岩心所见大气孔直径可达1cm,形状为圆形、椭圆形、拉长形等。气孔在熔岩中有规律地分布。熔岩顶部由于挥发组分多,气孔数量亦多,常为圆形、椭圆形;底部由于熔岩流重力和流动摩擦等影响,气孔常呈拉长状,长轴近平行于熔岩流层流面;致密玄武岩分布于熔岩流的中部,温度降低缓慢,气孔构造不发育。因此,气孔的大小和密集程度不一,常具分层和分带现象(图6-6)。气孔也是火山熔岩的有利储集空间类型。

图 6-6　火山熔岩及气孔分布特征

(2)杏仁构造:是当气孔被次生矿物充填时形成的杏仁状构造。组成杏仁体的矿物常为高岭石,少量为玉髓、碳酸盐岩,有时为熔岩物质,即残余岩浆的形成物。

2. 火山碎屑岩

火山碎屑岩是爆发式火山活动产生的各种碎屑物通过空气或水介质堆积后,经过成岩作用形成的岩石。火山碎屑物质主要来自地下岩浆或已凝固的熔岩,当火山爆发时被崩碎成各种形状的岩屑、晶屑和玻屑,并常混入一些火山通道壁或基底岩石的碎屑。因此,火山碎屑岩的物质成分与相应的熔岩有着密切的关系,有着内生成因的特征;在搬运方式上及其形成的结构、构造上又与沉积岩有相似之处,是一种介于熔岩和正常沉积岩之间的过渡类型(露头图版32)。

火山碎屑岩中既含有一定数量的火山碎屑物又含有一定数量的正常沉积物,根据二者的相对含量可进一步分为两种类型:沉火山碎屑岩和火山碎屑沉积岩。正常沉积物常见有磨圆的砾、砂砾、硅质矿物(石英、蛋白石、玉髓)、黏土矿物和碳酸盐矿物,有时还保留化石(如硅化木等)。在同一岩石中,火山碎屑物较新鲜,棱角分明,分选很差,无明显的磨蚀边缘和风化边缘,如出现于玻屑或晶屑中的斜长石具有环带结构、黑云母和角闪石具有暗化边等现象,表明它们是火山碎屑物。火山碎屑岩按粒度可分为集块岩(≥64mm)、角砾岩(2～64mm)和凝灰岩（<2mm）。

(1)沉火山碎屑岩(sed-volcanic pyroclastic rock)：含火山碎屑物含量50%～90%，其余的10%～50%为正常沉积物，经压实和化学物质胶结而成岩，常发育层理构造。细分为沉集块岩(sed-volcanic agglomerate)、沉火山角砾岩(sed-volcanic breccia)、沉凝灰岩(sedimentary tuff)。命名时可加入火山碎屑种类作为前缀，如晶屑沉凝灰岩、玻屑沉凝灰岩等。

(2)火山碎屑沉积岩(yroclastic sedimentary rock)：火山碎屑物含量10%～50%，其特征更接近于沉积岩，与沉火山碎屑岩成过渡关系。通常远离火山口，常见细粒的火山灰与正常的沉积物混杂在一起。根据主要成分的粒度，分为凝灰质砂岩、凝灰质粉砂岩、凝灰质泥岩、凝灰质砾岩、凝灰质灰岩或凝灰质白云岩。

3. 火山碎屑岩的颗粒类型及特点

火山碎屑物是组成火山碎屑岩的主要成分，它们是由地下深处富含挥发分的熔浆上升至地表浅处，由于压力的骤然降低、体积膨胀发生爆炸而形成的。熔浆团块常被炸裂成各种奇特的形状，这也是火山碎屑物的一个重要特征。从物理性质上，火山碎屑物可分为刚性、半塑性和塑性3种；按内部组分结构特征，可分为岩屑（岩石碎屑）、晶屑（晶体碎屑）和玻屑（火山玻璃碎屑）。

(1)岩屑(detritus)。包括刚性岩屑(rigid detritus)、半塑性岩屑(half plastic detritus)和塑性岩屑(plastic detritus)。刚性岩屑为具有弧形炸裂面的棱角状、不规则状多边形碎块。半塑性岩屑的形状有纺锤形、梨形和椭球形等，由于迅速冷却，边部常具有一层薄的玻璃壳，气孔构造发育；由于喷出过程中在空中停留和旋转，其表面常发育旋转纹。塑性岩屑呈现条带状、透镜状、火焰状、枝杈状和饼状等各种形态，两端（或一端）常见撕裂状。根据粒径大小，可进一步分类（表6-1）。

表6-1 火山碎屑岩颗粒成分分类

粒度范围(mm)	刚性	半塑性	塑性
>64	火山集块	火山弹	火焰石
2～64	火山角砾	火山砾	塑性岩屑
0.05～2	火山砂（岩屑、晶屑）	粗火山灰（玻屑）	粗塑性玻屑
<0.05	细火山灰（火山尘）		

(2)晶屑(crystal fragment)。晶屑多数来源于岩浆中早期析出的斑晶。在熔浆喷发过程中，从熔浆半凝固状态中脱离出来并崩裂破碎而成，少数晶屑是火山基底或火山管道中的结晶体崩碎成的捕房晶碎块。常见的晶屑是石英、碱性长石、斜长石，其次是黑云母、角闪石和辉石、绿帘石等。晶屑与斑晶不同的是外形不规则，往往破碎不全，常呈棱角状、次棱角状，裂纹发育，可见原来的部分晶形。

(3)玻屑(vitric fragment)。为富含挥发分的熔浆，在火山喷发时，由于迅速冷凝所形成的、内部充满气体或液体的火山玻璃急剧膨胀,使之炸裂、破碎而成。因此,玻屑往往保持气孔壁的弧面形态,呈弧面棱角状(多角)、弓状、鸡骨状、海绵骨针状、镰刀状及楔形等各种形态,有的玻屑可见气泡,通常粒度在 0.01~0.1mm 之间,很少超过 2mm。根据玻屑的物理性质,将其分为半塑性和塑性两类。

4. 火山碎屑岩的结构

根据火山碎屑物的组成,可分为火山碎屑结构、碎屑熔岩结构、熔结结构和沉火山碎屑结构。火山碎屑结构主要由刚性的晶屑和岩屑等各种火山熔岩碎屑组成;碎屑熔岩结构由火山碎屑(以刚性为主)和熔岩组成。熔结结构主要由各种塑性变形的火山碎屑组成。沉火山碎屑结构由火山碎屑和陆源碎屑组成(表 6-2)。其中,火山角砾结构和凝灰结构比较常见。

表 6-2 火山碎屑物的结构类型

粒度范围(mm)	火山碎屑物类型	碎屑熔岩结构	火山碎屑结构	熔结结构	沉火山碎屑结构
>64	火山集块	集块熔岩结构	集块结构	熔结集块结构	沉集块结构
2~64	火山角砾	角砾熔岩结构	角砾结构	熔结角砾结构	沉角砾结构
0.05~2	火山灰	凝灰熔岩结构	凝灰结构 (火山尘结构)	熔结凝灰结构	沉凝灰结构

火山角砾结构(volcanic breccias texture)主要由刚性火山角砾所组成(一般占火山碎屑总量的 1/2 以上,至少大于 1/3),填隙物以火山灰为主。填隙物以熔岩为主(一般占岩石总体积的 10% 以上)的,可定为角砾熔岩结构;火山角砾以塑变玻屑和(或)塑变岩屑为主的,可定为熔结角砾结构;若出现较多的外生沉积物(陆源)角砾级碎屑(其含量大于火山角砾含量),则定为沉火山角砾结构。

凝灰结构(tuffaceous texture)主要由凝灰级刚性火山碎屑(一般占火山碎屑总量的 1/2 以上,至少大于 1/3)和火山尘填隙物组成。填隙物以熔岩为主(一般占岩石总体积的 10% 以上)的,属于凝灰熔岩结构;若其火山碎屑以塑变玻屑和(或)塑变岩屑为主体,则属于熔结凝灰结构。

5. 火山碎屑岩的构造

火山碎屑岩由各种火山碎屑堆积、压结或胶结而形成,其构造更接近于沉积构造,如层状、似层状和韵律构造等。除了常见的块状构造外,还有假流纹构造和火山泥球构造等特征构造。

(1)假流纹构造(pseudofluxion structure):是熔结火山碎屑岩的标志性构造。特点是由塑性玻屑和塑性岩屑在堆积过程中经压扁拉长而呈定向排列,类似于熔岩中的流纹构造。但是,它不是岩浆流动所形成的纹理,由塑性火山碎屑变形所致,故称假流纹构造。

(2)火山泥球构造(volcanic mud ball structure):指在凝灰岩层或沉凝灰岩层顶部出现的

球状构造,多呈球状、椭球状或扁豆状,其中心多为晶屑或岩屑等火山灰、火山尘及塑变玻屑等凝灰质成分,有时混有陆源碎屑或硅质凝胶等。

(3)层理构造和粒序构造:火山碎屑物在空中或水中被搬运时,多呈沙纹、沙波或床沙形体,同正常沉积物的堆积机理一样,可形成水平层理、斜层理或交错层理等层状构造,但在空落火山碎屑物堆积中则很少见到。与沉积岩层理不同的是,常发育自下而上由细变粗的逆粒序构造,尤其是在火山碎屑流堆积和部分火山基浪堆积相的岩石中较常见。在火山基浪堆积过程中,常见有其指相特征的爬升层理和增生火山砾构造等。

(4)冷凝收缩裂缝:岩浆喷出地表后,在流动和冷凝的过程中,岩浆快速冷却使岩石体积收缩而成,其裂缝较密集,延伸距离短,开度小,裂缝面不规则,多呈网状或龟裂状,无一定方向,尤其是在火山凝灰岩和角砾岩中较为发育,局部沿火山角砾边缘分布,即粒间缝。

6. 火山碎屑岩岩相

火山碎屑岩岩相是指火山活动环境(包括喷发时地貌特征、堆积时有无水体、距火山口远近、岩浆性质等)及与该环境下所形成的火山岩岩石类型的总和。根据火山碎屑物的4种堆积形式,火山碎屑堆积物可区分为火山喷发空落堆积相、火山碎屑流堆积相、火山基浪堆积相和火山泥流堆积相。

(1)火山喷发空落堆积相(airfall deposits):由从火山口喷向空中的所有产物组成,包括岩浆喷发物、同源岩浆早期的熔岩碎屑和围岩碎屑等的堆积。火山爆发时,由大量火山碎屑和气体所组成的喷发柱靠其冲击力向天空升腾和扩散,其中火山弹、火山岩块和角砾等较粗较重的碎屑被火山抛出后,因自身重力而很快地坠落下来,与火山口流出的熔岩一起形成火山锥。

(2)火山碎屑流堆积相(pyroclastic flow deposits):为炽热的携带极速膨胀气体的火山碎屑流沿地表流动过程中形成的堆积。火山碎屑多以火山灰和角砾为主,有时出现火山岩块和浮岩等,塑性玻屑和塑性岩屑及碳化木为其指相物质。熔结凝灰岩和熔结角砾岩(及熔结集块岩)为其代表性岩石。其碎屑多具塑性,分选差,单层厚度较大(常见有大于1m),递变层理发育,具块状构造和假流纹构造。

(3)火山基浪堆积相(base-surge sedimentary facies):为蒸气岩浆喷发所特有的产物。炽热的岩浆在上升过程中遇到水发生爆炸,所产生的基浪流由火山喷发柱呈放射状向外扩散;凝结的水蒸气作为火山基浪的一部分,与其中的火山碎屑颗粒相混合,并支撑和稀释了基浪中的火山碎屑。基浪流本身是湍流——火山碎屑密度流,随流动能量的衰减而成普通的沉积重力流(Fisher,1990)。

(4)火山泥流堆积相(lahars):由火山成因的各种碎屑和水的混合体,呈流动的"混凝土"状沿河谷和低地运移过程中所形成。火山泥流一般黏度低,近火山口附近流速较大。在其流动过程中还剥蚀和产刮下伏的松软物质,将其裹携到泥流中,当其能量耗减或受地形影响等因素的作用而堆积下来。

7. 火山岩的相序

火山岩的相序与火山活动（喷发方式、喷发间歇与频率等）、火山岩的冷却、火山岩的沉降-沉积过程相关。火山活动的初期，岩浆早期沿基底断裂的裂隙空间"乘虚而入"，由于岩浆上涌需要一定的时间，而且断层形成的空隙压力相对低，挥发成分得以充分释放，因此岩浆沿断层平静地溢流。经过一段时间后，地下深部富含挥发成分的"原始岩浆"到达浅部，在巨大压差下，挥发成分急剧膨胀形成猛烈爆发。最终，该区每一次火山活动基本上都是先平静溢流，后猛烈爆发。并且，由于早期岩浆已经上升至地表，后期岩浆的喷发必须突破更大的压力，聚集更多的能量，随着时间的推移，火山溢流所占的比例逐渐减少，喷发所占比例逐渐增多。

斑晶和气孔是火山熔岩的典型标志，其发育程度与火山活动及演化相关。斑晶在玄武岩浆通过地壳上升的过程中形成，其结晶程度和晶粒的大小取决于岩浆冷却速度。缓慢冷却（如每天降温几摄氏度）可生成几毫米大小的晶体；迅速冷却（如每分钟降温100℃），则可生成细小的针状、板状晶体或非晶质玻璃。气孔的发育程度与岩浆的凝结速度有关。当岩浆迅速冷凝时，挥发成分来不及逸散出去，就能形成气孔。局部地，如果熔岩流内部的挥发成分没有溢出通道，而在熔岩流内部大量聚集，最终能形成巨大的气洞。相反，当岩浆冷凝速度较慢时，挥发成分有充分的时间溢出，气孔就很少，结晶颗粒相对粗大，形成致密岩石。在岩浆溢流的过程中，底部与冷的下伏沉积岩或火山岩接触，顶部暴露在空气中，因冷凝迅速而保存大量气孔；在熔岩流的中部，温度下降缓慢，各种矿物结晶较充分，形成致密玄武岩——由此形成了气孔的纵向分带性。同样地，熔岩流的前端冷凝速度快，气孔相对发育；而靠近火山口部位热力供应充足，高温保持时间长，挥发成分得以充分逸散，往往不发育气孔带——由此形成气孔构造的横向分带性。因此，对应于单期火山活动形成的玄武岩内部，斑晶出现及大小、气孔构造呈现规律性变化，其下部为薄、少量小气孔、无斑晶的玄武岩；向上斑晶逐渐增多、增大至减少、减小的变化；再上为较厚、少量大气孔、无斑晶的玄武岩。根据玄武岩内部结构的变化可识别和划分岩浆活动期次。

关于火山碎屑岩的分布，火山角砾岩距离火山口比凝灰岩近。由于火山活动由强到弱的多幕次变化，形成火山碎屑岩的垂向序列。反过来，火山角砾岩及内部角砾多个向上逐渐减少的沉积序列，是火山多期间歇活动的表现。

实例研究区自来屯油田的岩心观察表明，火山岩呈现下部火山熔岩、上部火山碎屑岩的序列——"双层结构"。火山熔岩又区分为气孔玄武岩、杏仁状（气孔）玄武岩和致密玄武岩等岩相，内部表现出气孔少—多—少、晶屑增大—减小的变化。气孔全部或大部被方解石和绿泥石蚀变矿物充填，显示为杏仁状玄武岩。火山碎屑岩则表现为火山角砾岩向凝灰岩组成的向上变细序列（图6-7；岩心图版37～38）。

四、冰川活动与冰碛岩

地质历史上曾发生过多次全球性的冰川活动。冰期后，又发生了"热室气候"事件，这种极热和极冷的现象，形成了稀罕少见的冰川沉积物——冰碛岩。冰川对周围岩石具有很强的剥蚀作用，称之为刨蚀作用，并留下特征的冰蚀地貌——"U"形谷（图6-8）。随着冰川体的运动，剥蚀产物也会被冰川裹着或推动着向前移动。浮冰的搬运能力也很大，当冰川入海裂为

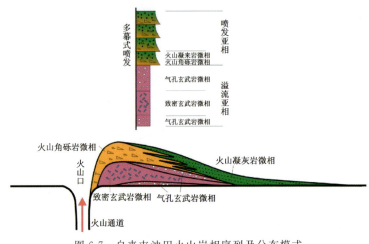

图 6-7　自来屯油田火山岩相序列及分布模式

冰山时,冰山中的岩屑就随之漂移——冰筏作用(图 6-9)。冰川到达温暖的地方就会融化,其携带的物质随着冰块的溶解而逐渐下沉,可以形成分布非常广泛的冰川海洋沉积。

图 6-8　江西庐山冰蚀地貌——王家坡"U"形谷

(王家豪摄于 2019 年)

图 6-9　现代海上冰山景观

(图片来自网络)

冰碛岩基本无分选、磨圆,呈漂浮状分布在细粒沉积之中——副砾岩,以上特征是由冰川的搬运-沉积特点所决定的。冰川中碎屑物的含量很高,由于冻结在冰川中的岩石碎块不能自由移动,彼此之间极少摩擦及撞击,因此岩屑的棱角很少磨损。同时,冰碛物可以毫无分选,常常是巨大的石块、黏土和砂粒混合在一起。冰碛岩全称为冰碛砾泥岩。很多冰碛岩是副砾岩,即它们大部分(约 90%)为细粒的黏土或其他石化后的相应物,小部分为很大的漂砾。最典型的冰碛砾边缘为五角形轮廓,文献介绍砾石常具"丁"字形擦痕,但实际观察并不常见。石灰岩区的冰碛内常见有磨碎的碳酸盐岩。冰碛岩通常是无构造、无层理或任何其他内部构造的。

前人在陕南洛南黄龙铺一带识别了一套厚约 92m 的震旦系罗圈组的冰碛岩。冰碛岩包括灰色块状砂砾岩、红—紫红色纹层状泥砾岩(副砾岩)、灰—深灰色纹层状泥砾岩(副砾岩)和纹层状含砾板岩,砾石成分较简单,以下伏地层的泥晶和粉晶白云岩为主,普遍具有砾石,呈角砾状,无分选,最大砾径达 1m 左右,排列杂乱无章,形态多样,棱角呈比较尖锐的三角形、菱形及不规则的长方形,结构成熟度差(李钦钟等,1985)。

实例研究区宜昌地区南华系南沱组全部发育冰碛砾岩,由黄绿色、灰绿色透镜状冰碛砾岩和粉砂质泥岩组成。砾石成分包括粉砂岩、细砂岩、粗砂岩、花岗岩、长英质片麻岩和石英岩,偶见白云质砾石。基质为细砂岩、粉砂岩和粉砂质泥岩等。砾石大小混杂,分选差,直径2~18cm,最大可达米级,磨圆普遍较好。南沱组与下伏莲沱组呈平行不整合接触(露头图版33)。

在湖北咸宁露头所见震旦系莲沱组冰碛岩,呈典型副砾岩特征,为灰黑色块状冰碛砾岩、砂质泥岩组成(或冰碛泥砾岩及冰碛粉砂质千枚岩)夹在水平层理板岩之中。板岩呈灰黑色,水平层理,指示了浅海沉积环境。冰碛岩的砾石分选极差,但磨圆好,与河道砾石类似,由此推测砾石历经先期河流搬运、磨蚀,而后经冰川冻结—搬运—融化沉积的过程。也就是说,冰期之前气候温暖,山间河流水流强劲;随后气候突然变冷,发生冰川作用;再后,气候变暖,冰川消融,发生冰碛沉积(露头图版34)。

五、岩溶作用及溶洞沉积

溶洞是区域构造抬升导致地下水下渗、溶蚀作用的结果(图6-10)。岩溶作用以地下水的化学作用(溶解与沉淀)为主,并伴随有流水侵蚀和沉积、重力崩塌和堆积的辅助、对可溶性岩石的破坏和改造作用。岩溶作用发生的条件:首先是具有可溶的岩石;其次岩石必须是透水的,这样地表水才能转化为地下水,才能形成岩溶标志的地下溶洞;其三,水具有溶蚀力和流动性。当水中含有CO_2时,溶蚀力便会增大,停滞的水很快就变成了饱和溶液而失去了溶蚀力。

图6-10 岩溶及地下河示意图(图片来自网络)

岩溶按其发育演化的进程,可分为6种类型:①溶沟,由地表水沿灰岩内的节理面或裂隙面发生溶蚀而成,原先成层分布的灰岩被溶沟分开成石柱或石笋;②落水洞,由地表水沿灰岩裂缝向下渗流和溶蚀,超过100m深后形成;③溶洞,从落水洞下落的地下水到含水层后发生横向流动形成;④坍陷漏斗和陷塘,随地下洞穴的形成地表发生塌陷,塌陷的深度大、面积小,称塌陷漏斗;深度小、面积大则称陷塘;⑤坡立谷和天生桥,由地下水的溶蚀与塌陷作用长期联合作用形成;⑥干谷和石林,由地面上升、原溶洞和地下河等被抬出地表而成。地下水的溶蚀作用在旧的溶洞和地下河之下继续进行。

　　溶洞是岩溶作用形成的最具特色的地貌。溶洞宽的地方像广场,窄的地方像长廊,整个洞平面上迂回曲折,垂向上可分出多层。雨季,整个洞内都有流水,成为地下河流在坡折处河水跌落,形成瀑布;旱季,局部地区有水,成地下湖泊,可能还有积水很深的潭。世界上最大的溶洞是北美阿巴拉契亚山脉的猛犸洞,位于肯塔基州境内,洞深64km,所有的岔洞连起来总长度达250km。地史时期的溶洞是良好的油气储集空间,如我国的塔河油田即为这种油藏。油气勘探中常钻遇溶洞充填沉积,记录了地史时期溶洞的发育过程。

　　结合野外观察,溶洞沉积包括岩溶水沉积、岩溶塌陷沉积和地下河沉积(露头图版35～37)。①岩溶水沉积物,简称岩溶沉积物,指灰岩裂隙溶洞中地下水的化学沉积物,它具有不同规模、不同形态,如石灰华、石钟乳、石笋、石柱等;②岩溶塌陷(karst collapse)沉积物,是洞穴不断扩大、溶洞地下水位变动达到一定幅度导致上覆松散沉积物突然塌落所致,该类沉积物来自碳酸盐岩围岩,呈大小不一的碎块状,缺乏分选、磨圆;③地下河沉积,表现为河流沉积的特点,具底冲刷、各种交错层理和正旋回序列。颗粒具分选、磨圆,成分包括灰岩岩屑和水流搬运来的石英、长石及不同类型岩屑颗粒。

第七章　碳酸盐岩的沉积特点及沉积相识别

碳酸盐岩指含量大于50%的碳酸盐沉积物经成岩固结而成的岩石，它在地表的分布仅次于陆源碎屑沉积岩。在20世纪50年代中期以前，人们认为碳酸盐岩主要是以无机方式从海水中沉淀的纯化学产物，仅区分了少量生物成因的碳酸盐岩（如礁灰岩、介壳岩等）。"二战"之后，由于在中东以及中美、北美、加拿大、北海等地的碳酸盐岩中，发现了许多高质量、高产量的油气藏，从而引起了人们对碳酸盐沉积学的极大关注，导致了碳酸盐沉积学领域中的许多理论的发展和观念的更新。尽管如此，相比碎屑岩多种多样的沉积相类型和研究的深入程度，碳酸盐沉积的研究程度相对低，尤其是原生沉积白云岩的观念仅在近年才提出。

碳酸盐岩在中国分布十分广泛，尤其是在元古界至下古生界占据着主导位置。华北板块在元古宙—奥陶纪为巨大的陆表海环境，广泛覆盖着碳酸盐沉积。扬子板块碳酸盐沉积延伸至三叠系大冶组沉积时期。在一些文献中，常常将碳酸盐岩作为陆棚浅海沉积，这种认识过于简单，缺乏对生产的指导性。如何做到准确识别碳酸盐沉积相类型，需要充分理解碳酸盐沉积与硅质碎屑岩沉积作用的异同点，也是本章细致介绍碳酸盐沉积特点的原因。

一、碳酸盐岩与碎屑岩沉积特征的异同点

温暖、清洁的浅水海域是碳酸盐产生的最有利地区。现代海洋碳酸盐沉积物主要分布在南北纬30°之间的热带和亚热带地区。因此，碳酸盐岩也被称之为清水沉积。相反，在邻近大河的河口区，大量的陆源碎屑被河流搬入海中，使海水浑浊，降低了海水的透明度，削弱了光合作用，不利于藻类生长，也容易堵塞无脊椎动物的呼吸和消化系统。因此，浑浊的海水对$CaCO_3$的产生有着极大的抑制作用。

与碎屑岩外源输入的特点不同，有机来源和盆内成因是海洋碳酸盐沉积物的显著特点。现代海洋调查表明，碳酸盐沉积物的主要来源就是海洋本身，由海水中大量以离子状态存在的碳酸盐类（Ca^{2+}、Mg^{2+}、HCO_3^-）通过化学作用和生物作用转化而来。其中，以生物和生物活动提供的沉积物在数量上占有最大比例。因此，海洋碳酸盐沉积物绝大部分是有机的——主要是化学作用和生物化学作用的结果。

碳酸盐沉积物可以形成与陆源碎屑沉积物相似的堆积地形和沉积体。它们一旦产生，就和陆源碎屑沉积物一样被波浪、潮流、洋流等作用簸选或搬运，形成包括波浪带水下滩坝，潮汐作用的潮汐三角洲、潮坪、潮道和潮渠，沿岸流形成障壁岛-潟湖体系。在坡度较大的海底斜坡地带，松散的或半固结的碳酸盐沉积物也会受重力作用发生滑塌，并受重力流搬运，形成滑塌褶皱、碎屑流沉积和浊积岩等，也同样能形成各种沉积构造。

此外，碳酸盐沉积物的搬运、沉积与陆源碎屑沉积物的不同之处还在于：①绝大多数粗粒碳酸盐沉积物的搬运距离都不远（重力流和沿岸漂移除外）——就地堆积，能反映沉积地带海洋环境特征。②碳酸盐沉积物的粒度分布完全不同于陆源碎屑沉积物的特征。不同的生物具有各自不同的外形和内部构造，包括细小的文石针和个体巨大的介壳、骨骼碎块能混杂在一起。因此，陆源碎屑沉积物的粒度分析法不适于碳酸盐沉积物。③除了骨屑、内碎屑之外，碳酸盐沉积物不同于陆源碎屑沉积物随水动力增强和搬运距离增大，磨蚀增强、粒径变小的特点。鲕粒、团粒、核形石和葡萄石等会在搬运过程中不断增大——滚雪球式。④碳酸盐沉积物通常在广阔的面积上同时向上建造和垂向加积。而陆源碎屑沉积物只有悬浮质在低能环境才能如此，大颗粒常常沿水流方向侧向加积。

碳酸盐沉积物的有机来源、盆内成因、大面积均衡沉积、浅水区高速率与深水区低速率的特征，使碳酸盐沉积体不同于陆源碎屑沉积物堆积的形态。在滨海海滩、潮坪、水下高地等浅水区，沉积物高堆积速率，且通常高于构造沉降或海平面上升的速率，使沉积物很快堆积到海平面附近的高度。当海平面缓慢上升时，碳酸盐沉积物始终保持与海平面同步上升，形成一个巨厚的浅水碳酸盐沉积体。相反，相邻的深水区，沉积物堆积较薄。在海平面不断上升的情况下，由于处于非补偿情况，海水深度将变得更深，沉积物堆积的速率和厚度更小。结果，两地的相对高差不断增大，形成一个主要由浅水碳酸盐沉积物组成、高出周围海底、具正地形的碳酸盐沉积凸起——碳酸盐岩建隆或碳酸盐岩台地（platform）；相邻的深水区则海水不断加深而成深水盆地或海槽。两者之间通常具有较大坡度。

二、碳酸盐岩的结构对沉积环境的启示

与碎屑岩类似，碳酸盐岩同样由颗粒、基质、胶结物与孔隙构成。其中，颗粒包括生物碎屑、内碎屑、鲕粒、团粒和藻粒5类。

（1）生物碎屑（bioclast）。指不同程度搬运与磨蚀的生物硬体或壳体。

（2）内碎屑（intraclast）。指早已沉积于海底的、弱固结的碳酸盐沉积物，经岸流、波浪或潮汐等作用剥蚀出来并再沉积的碎屑。强调了碎屑源于同一沉积盆地"之内"或同一地层"之内"，不是从沉积盆地之外搬运而来。由沉积盆地之外的古石灰岩受风化剥蚀而来的碎屑，则称之为外碎屑或陆屑，即沉积岩的碎屑或岩屑。根据内碎屑的粒径，区分为砾屑（>2mm）、砂屑（2～0.05mm）、粉屑（0.05～0.005mm）、泥屑（<0.005mm），请注意这里的"砾""砂""粉"与硅质碎屑岩类似，表征碎屑的粒径。

（3）鲕粒（ooid）。包括核心和同心纹层2个组成部分，核心为生物碎屑、石英、长石等颗粒。鲕粒的形成过程为：核心扰动→进入表层海水（饱和$CaCO_3$）→核心表面发生沉淀→形成同心层→再沉入海底→再进入表层海水→形成同心层，如此反复。

（4）团粒（pellet）。或称为球粒，是由泥晶碳酸盐矿物组成的颗粒，一般呈球形或卵形，内部结构均匀，大小在0.03～0.2mm之间，常成群出现。团粒由微晶骨屑、藻类、粪粒或泥晶碳酸盐矿物发生凝聚作用而成。可以经流水搬运、滚动，有时就地堆积。球粒形成的能量不高，具有均一的形状，有时分选较好，富含有机质而色暗，多为藻成因的藻球粒和生物粪便堆积。

（5）藻粒（algal grain）。与藻类有成因联系，其内可包裹小生物、小球粒等，常由蓝藻黏结

这些颗粒,外形不规则。典型的藻粒包括核形石(oconlite)和葡萄石、凝块石(clot)两种非典型的藻粒。其中,核形石由核心+藻菌类形成的同心层构成,其形成于较强扰动的浅水带,由藻类围绕水体中悬浮或滚动的碎屑核心生长,形成核形石和藻鲕。葡萄石、凝块石(clot)为藻凝聚的颗粒,表征那些内部不分层、具有明显的凝块或内部多孔的生物沉积建造。

泥晶基质与亮晶胶结物(matrix and sparite)。泥晶为粒径小于0.005mm的泥屑、微晶。亮晶,即淀晶方解石,晶体较大,光学显微镜下形态可辨。

碳酸盐岩中的颗粒相当于砂岩中的砂粒,但不是外碎屑,而是在盆地内产生的碎屑;泥晶基质相当于砂岩中的杂基,但不是陆源的,而是盆地内形成的灰泥;亮晶胶结物相当于砂岩中化学胶结物。它的量比关系能反映沉积物沉积时的水动力条件及沉积环境:颗粒+淀晶多、基质少、颗粒分选好,沉积水动力强——相当于砂岩中的杂基少,砂岩形成时的水动力强;相反,灰岩中颗粒少、杂基多,水动力弱。

三、适用于沉积相分析的碳酸盐岩命名

碳酸盐岩的命名方案较多,常见的是采用成分命名方式,即以白云岩和灰岩的含量命名,划分为灰岩、含云灰岩、云灰岩、含灰云岩和白云岩。在沉积学研究和油气储层研究中,这种命名不能体现与环境能量的关系,也不能体现岩石的结构。开展碳酸盐岩的沉积学研究,建议采用结构-成因命名系统。

Folk(1959)首次将碎屑岩的结构特点引入到碳酸盐岩分类中,提出了异化粒、亮晶、微晶等新概念,成为现代碳酸盐岩分类的基础或里程碑。该分类首先区分了正常化学岩类(化学或生物成因)和异常化学岩类(波浪、水流成因);进一步地,对异常化学岩类采用异化粒、基质、胶结物的含量进行了三元分类,这种分类能体现岩石形成的水动力强度。随后,Dunham(1962)强调了岩石的支撑类型(表7-1)。在该分类的基础上,加上颗粒主要类型,成为了现今推荐使用的类型,如鲕粒颗粒灰岩。另外,生物成因灰岩包括叠层石灰岩和礁灰岩。其中,礁灰岩细分原地礁岩(包括骨架灰岩或格架岩(framestone)、障积灰岩或障积岩(bafflestone)、黏结灰岩或黏结岩(bindstone)]和异地礁岩[包括碎块礁岩(rudstone)、漂砾灰岩或漂砾岩(floatstone)]。化学成因的灰岩包括石灰华、钟乳石、钙层石。

表 7-1 碳酸盐岩的结构-成因分类(据 Dunham,1962)

沉积结构能够辨认				沉积结构不能辨认
沉积物中原始组分未被黏结			黏结岩(沉积过程中原始组分、生物颗粒被黏结在一起)	
含泥		不含泥		结晶碳酸盐岩
泥支撑		颗粒支撑	颗粒支撑	
颗粒含量<10%	颗粒含量>10%	泥粒灰岩	粒状灰岩	
泥状灰岩	粒泥灰岩			

四、白云岩的成因及识别标志

白云岩与灰岩这两类碳酸盐岩的成因存在较大差异。迄今,白云岩被认为有4种成因。

1. 咸水白云岩成因

形成条件为高温、高盐度和高 Mg/Ca 比,如潮上带萨勃哈(Sebkha),细分为两种作用:①毛细管浓缩作用,过程为潮上带蒸发→海水向上运移→温度、盐度升高,文石、石膏沉淀→Ca^{2+} 被消耗,Mg^{2+} 浓度升高→文石交代为白云石(图 7-1a);②渗透回流作用,由 Adams & Rhodes(1960)提出,其过程为蒸发→表层海水浓缩→密度增加,沿斜坡下沉→较轻的底层水上浮,接受蒸发浓缩,上述过程反复进行,导致潟湖盐度升高,石膏沉淀,Ca^{2+} 被消耗,Mg^{2+} 浓度升高,文石转变为白云石(图 7-1b)。该模式为厚达千米的白云岩提供了成因解释。总体上,咸水白云岩成因都历经了海水凝缩-咸化→石膏沉淀→Mg^{2+} 浓度升高的过程。

2. 混合水白云岩(dorag dolomitization)成因

混合水白云岩成因机制针对广泛分布于陆表海、陆棚或构造高地,与蒸发无关,也不需要高的 Mg/Ca 比的盐水。根据形成时间,混合水白云岩细分为3种:①同生期混合,出现在潟湖内,高 Mg/Ca 比的淡水与沉积物作用,发生白云岩化(图 7-1c);②准同生期,沉积物上升脱离海水,直接受大气降水的影响,孔隙中残留海水与淡水混合,发生白云岩化(图 7-1d);③后生-成岩阶段,在海水-淡水的混合带内,发生白云岩化,交代白云岩。

3. 热液白云岩成因

热液流体指比周围环境温度至少高出 5 ℃的水溶液。也就是说,热液流体是温度相比较其所处的环境而言。热液流体通常在活跃的构造活动下沿断裂系统向上流动,遇到渗透性较差的隔挡层后侧向流入岩层,导致碳酸盐岩层发生白云岩化作用,形成热液白云岩。

热液白云岩主要为中—粗晶白云岩。白云石晶粒大小在 0.2~2.0mm 之间,呈半自形或它形,晶粒多呈漂浮菱面体或松散状的镶嵌结构,重结晶作用明显,颜色呈黄灰色、浅灰色,空间上多呈厚层或块状层分布。热液白云岩具有特殊的斑马状以及角砾状构造特征,鞍状白云石是热液活动的最常见的热液矿物(图 7-2),也是判别热白云化作用的关键标志。

4. 微生物成因

长期以来白云石被认为是交代成因,而对白云石能否从海水中直接沉淀一直持怀疑态度,对一些现代湖底沉积的白云石也一直解释为蒸发作用成因。然而,当人们利用湖水在实验室进行蒸发实验时,沉淀出的碳酸盐矿物主要是文石,而不是白云石;相反,现代湖底的白云石沉淀的沉积中却并没有发现文石。最近的研究发现,白云石颗粒的形态和大小与细菌十分相似。扫描电镜(SEM)图像显示,白云石颗粒大多是亚微米—纳米级大小,较大的颗粒是较小颗粒的集合体,最小的颗粒呈现次球状和椭球状细菌形态的核被白云石所包裹,其形态与高温条件下(150℃)实验所得化学沉淀的白云石完全不同,由此指出硫酸盐还原菌(SRB)

第七章 碳酸盐岩的沉积特点及沉积相识别

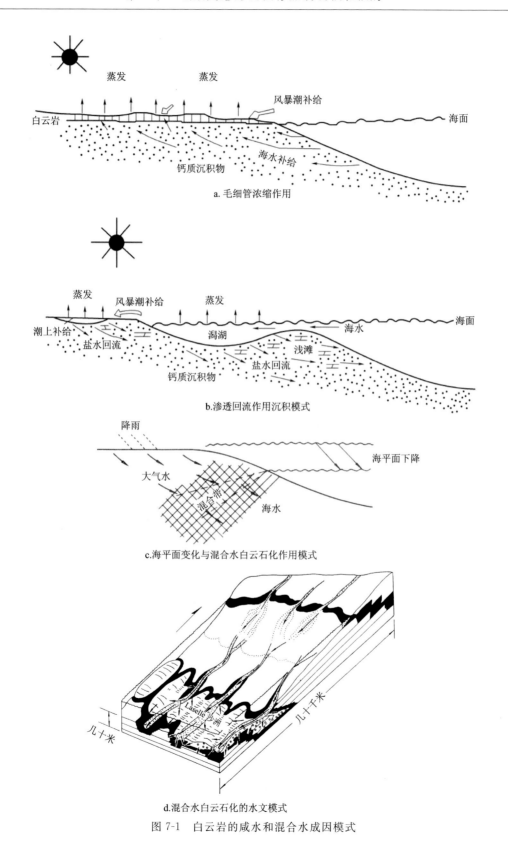

图 7-1 白云岩的咸水和混合水成因模式

和其他类型微生物在白云石沉淀过程中起到了至关重要的作用。得益于该认识,人们从潟湖中分离出的硫酸盐还原菌进行实验室模拟实验,在25～30℃条件下,沉淀出了高镁方解石和钙白云石的混合物;在40～45℃条件下,沉淀出了纯的白云石(Vasconcelos & Mc Kenzie, 1997; Vasconcelos et al,2002;Vanlith et al,2003)。基于以上认识提出了白云石的微生物成因模式(Wright & Wacey,2004),即白云石不是交代形成的,而是原生沉淀产生。微生物白云岩对白云岩成因提出了新的解释和研究思路,该项研究现今还在加紧实施。

综合以上特征,白云岩成因需要考虑白云岩化的产状、分布、规模和伴生矿物等,并结合薄片观察等分析化验手段来综合判别。例如,一些厚度和分布面积巨大的白云岩普遍被认为是咸水白云岩成因,尤其是渗透回流作用的结果,并与石膏共生;同生-准同生期的混合水白云岩常常分布于

图 7-2 鞍状白云石

变浅沉积序列的上部,在薄片中见"雾心亮边"等典型的交代现象;后生-成岩阶段的混合水白云岩,由于该阶段岩石已固结成岩和埋藏,因此白云岩沿一些裂缝有限分布;热液白云岩往往与萤石、闪锌矿、重晶石、自生石英等热液矿物伴生产出,并分布在溶蚀孔洞或溶蚀裂缝中。

五、海相碳酸盐沉积相类型及识别标志

目前对碳酸盐沉积相的划分、术语应用和沉积模式尚不统一。威尔逊模式(1975)综合了古代及现代碳酸盐岩的大量沉积模式,较全面概括了不同沉积相带及特点(图 7-3)。该模式以潮汐-波浪、氧化界面、盐度、水深及水循环等环境控制因素为依据,划分了9个标准相带,其沉积特征及识别标志如下。

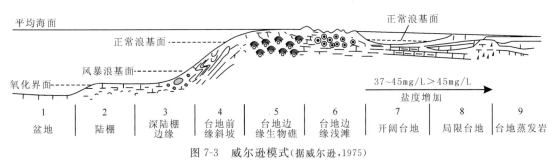

图 7-3 威尔逊模式(据威尔逊,1975)

(1)盆地相。位于波基面和氧化界面之下,其位置远离台地边缘,不适宜底栖生物生长。典型岩性包括富含浮游生物(如三叶虫、骨针、放射虫)泥晶灰岩、页岩,还出现少量浊流沉积的粉屑灰岩。

(2)开阔(广海)陆棚相。位于波基面以下,但大风暴可影响底部沉积物,水深0～100m,一般为氧化环境。盐度正常,水体循环良好。典型岩性包括含完整生物贝壳的灰泥岩、生物

碎屑粒泥灰岩、生物碎屑粉屑灰岩。生物化石以正常盐度介壳化石——窄盐性动物群为主。

(3)深陆棚边缘相(斜坡脚相)。位于风暴浪基面之下台前斜坡的坡脚部位。典型岩性包括含浮游生物灰泥岩、生物碎屑-岩屑角砾岩(属碎屑流沉积)、生物碎屑粉屑灰岩。

(4)台地前缘斜坡相。处于正常浪基面与风暴浪基面之间,是滑塌等重力流沉积的有利场所,发育生物丘和巨大的滑塌岩块,典型岩性包括生物碎屑-岩屑角砾岩(碎屑流沉积)、生物碎屑粒状灰岩-泥粒灰岩、漂浮状灰岩。

(5)台地边缘生物礁相。包括生物礁和斜坡上部的生物丘,典型岩性包括格架岩、黏结灰岩和障积灰岩,以及生物碎屑粒状灰岩。

(6)台地边缘浅滩相。为波浪持续作用的高能带,发育障壁沙坝和潮汐入口-通道沉积,典型岩性包括鲕粒粒状灰岩、磨蚀的生物碎屑粒状灰岩、混杂的生物介壳粒状灰岩、滞留角砾岩、砂屑粒状灰岩等。

(7)开阔台地(或陆棚潟湖)相。相当于潮下带,发育潮汐三角洲、潟湖泥丘、柱状藻席、潮汐沙坝等沉积,典型岩性包括含完整贝壳的泥晶灰岩、生物碎屑粒泥灰岩、球粒粒状灰岩、含葡萄石粒泥灰岩。

(8)局限台地(或蒸发岩台地)相。处于潮间带环境,发育潮坪、潮道-天然堤、池沼和藻席沉积,典型岩性包括球粒粒状灰岩、叠层石灰岩、含葡萄石粒泥灰岩。

(9)台地蒸发相。处于潮上带萨勃哈环境,沉积叠层石灰泥岩和膏岩层,具硬石膏穹隆、帐篷构造、纹层状石膏、钙质结壳、肠状硬石膏等岩石和沉积构造标志。

值得注意的是,威尔逊模式是一个综合模式,它甚至将一些相互矛盾的环境或相带综合在一起,但在实际沉积环境中并不共生,如开阔台地与局限台地、台地边缘生物礁相与滩相。在实际沉积相分析中,首先需要依据碳酸盐岩建隆的地形地貌特征,区分碳酸盐岩台地和碳酸盐岩缓坡这两种沉积背景。

碳酸盐岩台地又称为受保护的陆棚潟湖型(protected shelf lagoon)或镶边陆棚(rimmed shelf)。该类台地边缘发育边缘礁、滩,并结合岩脊等形成障壁遮挡,因此陆棚内部是一个海水循环不畅的环境,波浪和洋流的能量大部被消耗,潮汐作用占据优势地位,发育潟湖和潮坪沉积。台前斜坡坡度大,有利于重力作用和发育重力流沉积(图7-4,露头图版37~40)。

碳酸盐岩缓坡(carbonate ramp),又称为开放陆棚型(open shelf),其向海缓缓倾斜,没有边缘障壁和明显的坡折,可细分为盆地、外缓坡(深缓坡)、中缓坡(浅缓坡)、后缓坡(内缓坡)亚相(图7-5)。其中,外缓坡(深缓坡)位于正常浪基面和风暴浪基面之间,典型岩性包括薄—中层状灰岩夹泥岩、泥质条带灰岩,类风暴砾屑灰岩和风暴重力流成因粉-砂屑灰岩;中缓坡(浅缓坡)带的潮汐、波浪和洋流的作用都非常活跃,对沉积物能进行强烈的簸选或改造,是一个海水循环中—良好的高能环境,主要发育海滩沉积;后缓坡发育潟湖(潮下带,相当于威尔逊模式开阔台地相)和潮坪(潮间带、潮上带,相当于威尔逊模式的局限台地-台地蒸发相)沉积(露头图版41~43)。

六、湖相碳酸盐沉积相类型及识别标志

湖盆碳酸盐沉积可以出现在滨湖、浅湖和深湖相带,滨浅湖水域是主要发育区。滨湖相

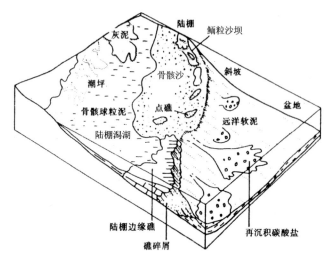

图 7-4　镶边台地碳酸盐沉积模式(据 Tucker et al,1990)

盆地	碳酸盐缓坡		
	深缓坡	浅缓坡	后缓坡
	正常天气浪基面以下	波浪占优势	受保护区/陆上
陆棚/深海灰岩	薄层灰岩风暴沉积有或无灰泥丘	海滩/坝岛/滨海平原/浅滩,有或无点礁	潟湖-潮坪-潮上碳酸盐,有或无蒸发岩,古土壤和古喀斯特

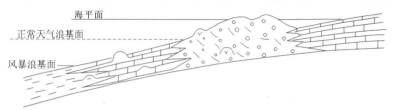

图 7-5　碳酸盐缓坡陆棚沉积模式(据 Tucker et al,1990)

发育泥坪-藻坪和岸滩两类沉积。泥坪-藻坪主要沉积泥晶灰(云)岩、纹层-波纹状叠层石藻灰(云)岩,可混入少量泥沙和生物碎屑,干裂和鸟眼构造常见。岸滩多见颗粒灰(云)岩,生物碎屑、内碎屑和藻类颗粒发育,并常有泥沙混入,可见块状、水平层理和交错层理,储集性能较好。

浅湖相主要发育湖湾亚相和浅滩-生物礁沉积。湖湾沉积主要为含颗粒泥晶灰(云)岩,可含少量陆源碎屑、鲕粒、球粒、介形虫和腹足化石,水平层理和纹层。浅滩-生物礁沉积区具备较强的湖浪和湖流作用,水体能量高,且水体清澈,阳光充足,适于生物生长,主要岩性包括颗粒灰(云)岩类型,如鲕粒灰(云)岩、内碎屑灰(云)岩、介形虫灰(云)岩等,形成颗粒浅滩;如果藻类生物特别发育,可形成生物滩或生物礁。歧口凹陷岩心揭示沙一段发育砂屑-鲕粒滩和生物礁滩,由灰白色泥晶灰岩、白云质灰岩、生物(有孔虫等)灰岩、鲕粒灰岩、礁灰岩、内碎屑灰岩等碳酸盐岩组成,局部见溶蚀塌陷构造,溶蚀孔、生物内模孔发育,已有大量油气发现(图 7-6)。

半深湖—深湖相主要为泥晶灰(云)岩和泥灰(云)岩,常富含泥质、有机质、黄铁矿、硬石膏和天青石等非碳酸盐岩成分,含少量生物化石,多见水平层理和季节纹层,为较好的生油岩。

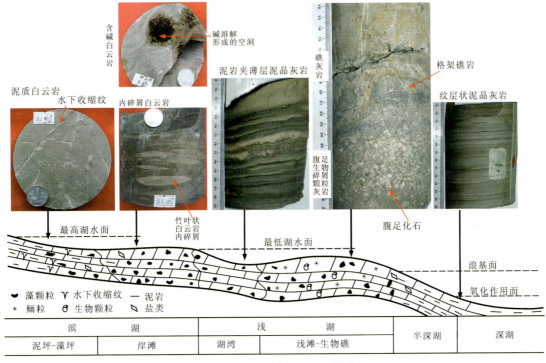

图 7-6　湖相碳酸盐沉积相模式

第八章 实例研究区简介

本书露头和岩心资料源自作者及团队在不同地区、不同类型盆地的科研实践。为便于理解,本章对所涉及的主要实例对象的地理和构造位置、构造演化、地层序列和沉积充填特征简要叙述如下。

一、渤海湾盆地孔店凹陷和歧口凹陷

黄骅坳陷位于渤海湾盆地的中心地带,北以燕山褶皱系为界,西接沧县隆起,东靠埕宁隆起,东北向渤海海域延伸。其长约270km,宽30~100km,面积约17 000km^2。坳陷内部发育的北北东向和近东西向两组主控断裂,将黄骅坳陷划分为南区、中区和北区,整体呈北北东走向。

孔店凹陷位于黄骅坳陷南区(图8-1),其发育演化受控于沧东断层、徐西断层、黑东断层和埕西断层4条基底断层,细分为沧东、南皮、常庄-小集3个次级凹陷和孔店潜山、乌马营潜山、小集断裂、徐杨桥-黑龙村潜山、沧市鼻状构造和东光鼻状构造6个二级构造带。其中,孔店潜山呈一个滚动背斜构造,作为油气运聚的优势方向,至今已有大量的油气发现,除了常规的砂岩油藏——自来屯油田之外,还发育了独具特色的火山岩型油藏。该油田古近系和新近系发育较完整,由老到新依次为古近系孔店组(Ek)、沙河街组(Es)、新近系馆陶组(Ng)。其中,沙三段火山岩油藏提供了一个火山岩-火山沉积岩含油的实例。

歧口凹陷位于黄骅坳陷中区,历经了从古近纪裂陷期至新近纪坳陷期的构造演化历程。裂陷期是油气烃源和储层的主要发育时段,受北北东向、北东向和东西向断裂的控制,该凹陷发育了1个主凹(歧口主凹)、4个次凹(板桥、歧北、歧南和北塘)、2个潜山(北大港和南大港)以及埕北断阶带共7个次级构造单元,总体呈现东西分带、南北分块的构造格局(王家豪等,2010)(图8-2A、B)。受沧县隆起、埕宁隆起、燕山造山带和沙垒田局部凸起的物源供给,歧口凹陷古近纪沉积了巨厚的碎屑岩和少量碳酸盐岩,自下而上划分为沙河街组和东营组。其中,沙河街组进一步细分为沙三段(包括沙三3、沙三2、沙三1共3个亚段)、沙二段、沙一段(包括下、中、上3个亚段)、东营组细分为东三段、东二段和东一段共3个"粗—细—粗"的沉积旋回(图8-2C)。其中,沙三段以深湖背景下扇三角洲-辫状河三角洲-湖底扇沉积为特色;沙二段—沙一段以浅—深湖背景下扇三角洲-碳酸盐岩滩坝-湖底扇沉积为特色;东营组以浅—深湖背景下三角洲沉积为特色。歧口凹陷古近纪湖底扇发育十分广泛,尤其是沙河街组沉积时期,歧口主凹几乎全部为湖底扇所覆盖(蒲秀刚等,2014),包括滑塌型和洪水型湖底扇类型,因此成为本书湖底扇研究的重要对象。

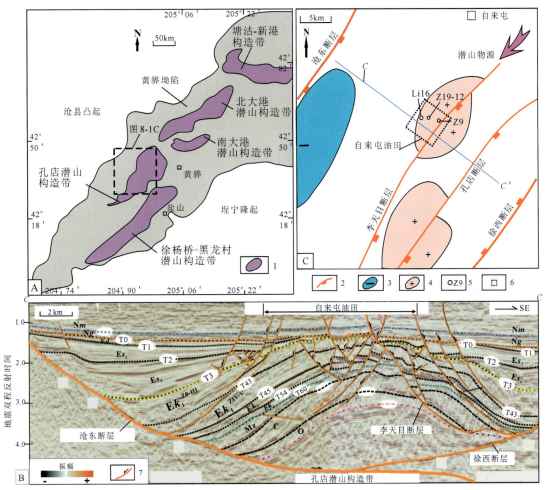

图 8-1 黄骅坳陷构造单元(A)、构造样式(B)及自来屯油田(C)位置

1.潜山构造带;2.正断层;2.次级凹陷;4.滚动背斜带;5.钻井井位;6.城镇;7.正断层;
(O.奥陶系;C.石炭系;Mz.中生界;Ek_3、Ek_2、Ek_1 为孔店组三段、二段、一段;$Ek_1^{Ⅳ-Ⅴ}$、$Ek_1^{Ⅰ-Ⅲ}$ 为油组)

二、塔里木盆地库车坳陷

库车坳陷位于塔里木盆地北部,北临南天山造山带,南部是塔北隆起,呈北东东向展布,其东西长 550km,南北宽 50~90km,面积 42 700km²,是我国西部前陆盆地的典型代表之一(图 8-3)。库车坳陷伴随着南天山造山带的隆升而形成,历经了从晚二叠世至古近纪前陆盆地和新近纪以来再生前陆盆地的演化阶段。该坳陷上白垩统缺失,下白垩统由卡普沙良群和巴什基奇克组(K_1bs)组成。卡普沙良群自下而上进一步细分为亚格列木组(K_1y)、舒善河组(K_1s)、巴西盖组(K_1b)。下白垩统现今完整出露于天山山前,为前陆盆地的露头沉积学研究提供了有利条件。尤其是天山山前的库车河、克孜勒鲁尔沟(KZ)露头植被覆盖少,地层出露清晰完整,是进行野外地质调查的极佳场所。

基于下白垩统北部露头研究,下白垩统的岩性组成和沉积相可以概括为:两套砾质粗碎屑沉积体、3 种三角洲体系和两个"粗—细—粗"的沉积旋回(图 8-4)。

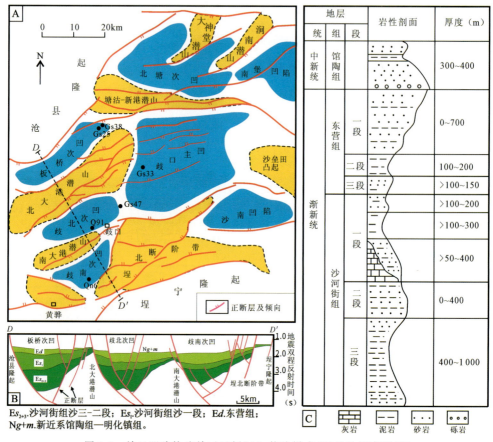

图 8-2 歧口凹陷构造单元区划(A)、构造样式(B)及地层序列(C)

Es_{2+3}.沙河街组沙三-二段；Es_1.沙河街组沙一段；Ed.东营组；$Ng+m$.新近系馆陶组—明化镇组。

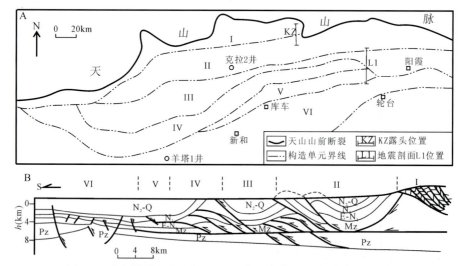

图 8-3 库车坳陷的构造单元(A)及构造横剖面(B)(据刘和甫，2000)

Ⅰ.黑英山后缘楔冲构造带；Ⅱ.喀桑托开-伊奇克里克双冲断层带；Ⅲ.拜城-阳霞向斜；
Ⅳ.秋里塔克反向冲断及三角构造带；Ⅴ.亚肯平缓褶皱带；Ⅵ.沙雅前缘隆起带(塔北隆起)

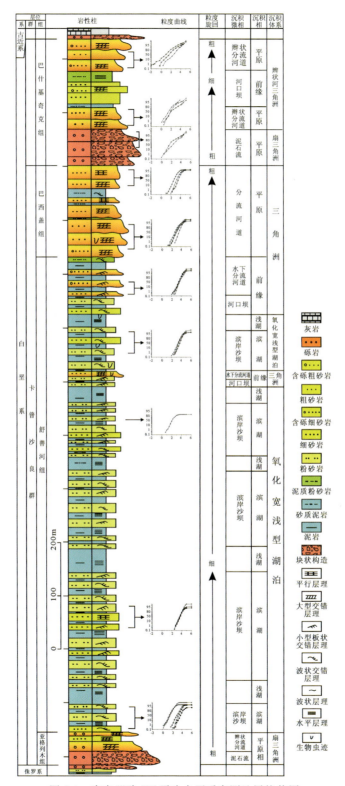

图 8-4 库车凹陷 KZ 露头白垩系实测地层柱状图

两套砾质粗碎屑沉积体发育于亚格列木组和巴什基奇克组的底部，厚度分别为42.9m和67.8m，均由灰色块状细—粗砾岩组成，局部夹中—粗砂岩透镜体。砾岩成分、结构混杂，砾石含量50%~70%，局部略见正粒序和叠瓦状构造；中—粗砂岩发育大型交错层理。总体以泥石流沉积为主，夹辫状分流河道沉积的扇三角洲平原相特征。

3种三角洲体系除上述粗碎屑沉积体的扇三角洲体系类型之外，研究区还发育三角洲体系和辫状河三角洲体系类型。三角洲体系开始出现于舒善河组上部，由小型交错层理粉—细砂岩、大型交错层理细砂岩—含砾细砂岩组成，为前缘相河口坝、水下分流河道微相沉积；巴西盖组主要发育三角洲平原相，表现为由大型交错层理含砾细砂岩—中砂岩组成的多个正旋回序列。

辫状河三角洲体系发育于巴什基奇克组中、上部，由浅红色、红黄色中—厚层状细—粗砂岩、含砾中—粗砂岩夹紫红色粉砂质泥岩组成，大型槽状、楔状交错层理发育。

两个"粗—细—粗"的沉积旋回，分别发育于卡普沙良群、巴什基奇克组。研究区舒善河组由褐色薄层粉砂岩与褐红色、紫红色水平层理泥岩互层组成，粉砂岩纯净，分选性好，波纹交错层理发育，总体呈氧化宽浅型浅湖相、滨湖相频繁交替的沉积面貌。由此，卡普沙良群沉积旋回为扇三角洲－氧化宽浅型湖泊－三角洲的沉积演化序列；巴什基奇克组沉积旋回为扇三角洲平原相－辫状河三角洲前缘相－辫状河三角洲平原相的演化序列。

三、南盘江盆地广西百色地区

南盘江盆地也称为右江盆地。伴随着古特提斯洋的分支——红河-马江洋的扩张及随后的萎缩，南盘江盆地历经了从泥盆纪断陷盆地、石炭纪—早三叠世被动大陆边缘至中三叠世前陆盆地的演化历程(Lehrmann et al，2005，2007；杜远生等，2009，2013)(图8-5)。

南盘江盆地三叠纪的盆地性质和所处构造背景长期以来备受关注。前人通过稀土-微量元素和火山岩微量元素分析，指示南盘江盆地位于主动大陆边缘和大陆岛弧之间(Chen et al，2003；杜远生等，2013)。采用砂岩QFL成分和北西西向古流向分析，指示盆地南部发育钦州造山带或云开隆起(秦建华等，1996；Lehrmann et al，2007，2015)。通过对基底沉积速率的回剥计算，揭示了研究区属前陆盆地性质，并归结为华南板块和印支板块碰撞成因。结合岩屑锆石U-Pb测年，以及砂岩岩石学和稀土配分模式，Yang et al(2012)和Lehrmann et al(2015)提出，南盘江盆地为一个与古特提斯洋的闭合相关的前陆盆地。总体上，该时期盆地所属前陆盆地性质和区域挤压背景受到广泛认可。

南盘江盆地中三叠统厚达3 000~5 000m，由百逢组和上覆兰木组组成，分别包括两个和1个向上变粗的旋回，由此分别划分为4个层段和两个层段(图8-6)。其中，百逢组的第二段和第四段、兰木组的第二段主要由细砂岩和少量中砂岩、粉砂岩夹泥岩组成，属海底扇沉积，其他层段由泥岩夹少量薄层粉砂岩组成，属深海沉积。

基于露头观察，前人提出南盘江盆地中三叠统发育海底扇和风暴沉积。海底扇的面积达到70 000km^2，受泥石流、颗粒流和浊流搬运-沉积机制，具有块状构造、递变层理、包卷层理和槽模等沉积构造标志(杜远生等，2009；Lehrmann et al，2015a)，由此识别出内扇水道、中扇辫状-弯曲水道＋天然堤＋决口扇复合体和外扇朵叶等沉积微相类型(秦建华等，1996)。根

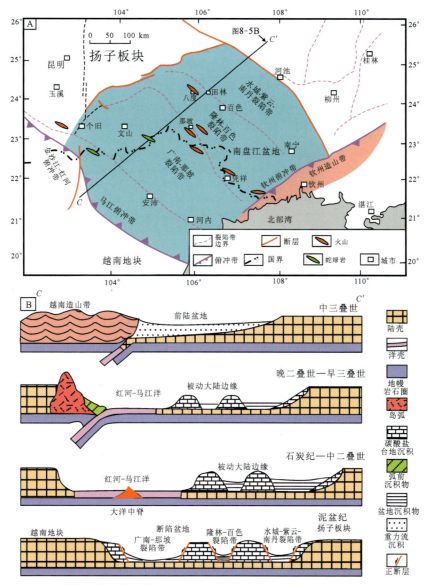

图 8-5 南盘江盆地构造单元(A)及发育演化(B)示意图(据杜远生等,2013修改)

据槽模构造进行的古水流测量,得出了物源供给呈北西西向。同样地,基于露头观察,一些学者识别出较多的风暴沉积,包括递变层理、丘状交错层理、浪成波纹交错层理、波痕、渠模和钵模等沉积构造标志,由此推断中三叠世南盘江盆地位于低纬度带。综合看来,研究区存在重力流和风暴流两种沉积作用。进一步地,王家豪等(2018)依据在百色田林地区累计地层厚度约300m的露头观察,得出了浅海背景下风暴改造海底扇沉积的创新认识。

四、鄂尔多斯盆地安塞油田

安塞油田位于鄂尔多斯盆地伊陕斜坡的中南部,北临子长李家岔,南接延安永宁—槐树庄,东临李家岔—郝家坪—河庄坪,西至双河—永宁,面积约3 613km²。经过近30年的勘探

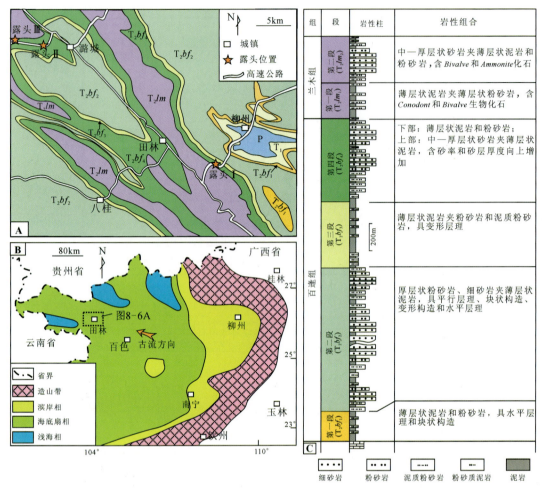

图 8-6 百色地区地质简图（A）、中三叠世古地理图（B）（据 Fang,1991 和 Mei et al,2003 修改）
和中三叠统岩性组合（C）

开发,安塞油田发现了两套主要的含油层系,分别为上三叠统延长组与侏罗系延安组,并找到候市、杏河、王窑、坪桥等 8 个含油区块,是鄂尔多斯盆地首个亿吨级的整装大型油气田。其中,王窑南区块位于志丹县以东,安塞县以西,北至招安镇一线,地跨安塞县、志丹县,面积 780km^2（图 8-7A）。

王窑南区块揭示延长组的钻井数量众多。结果表明,延长组为一套含煤和含油岩系,主要由浅灰—灰绿色粉—细砂岩、少量中砂岩与深灰—灰黑色砂质泥岩、黑色碳质泥页岩、油页岩互层组成,夹薄层凝灰质泥岩、煤线或薄煤层。根据沉积序列、生物组合和电性特征,延长组自下而上可划为 5 个层段（T_3y^1—T_3y^5）和 10 个油层组（长 10—长 1）（图 8-7B）。其中,长 7 油层组处于湖盆的全盛发展期,沉积了一套富含有机质的油页岩,厚度约 100m,是延长组最重要的生油层系,称为"张家滩页岩"。到了长 6 油层组沉积时期,湖盆开始萎缩,受东北物源的大量输入,在构造相对稳定和平缓的盆缘背景下,研究区持续发育大型浅水三角洲,形成了研究区主要的储集层段,普遍含油。同时,该层段还发育较多的震积岩,因此成为本书实例研究层段。

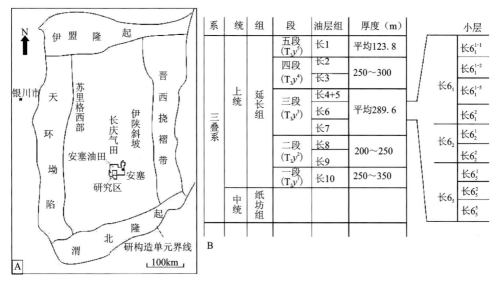

图 8-7　安塞油田王窑南区块的构造位置(A)及三叠系划分(B)

五、中扬子克拉通宜昌地区黄陵穹隆及周缘

黄陵穹隆核部及周缘沉积盖层在区域大地构造上属华南扬子克拉通的核心地区(图 8-8)。该区历经了前南华纪多期复杂俯冲-增生碰撞造山、新元古代晚期的造山运动(晋宁运动)、之后稳定的海相盖层沉积以及晚中生代以来陆相沉积的演化过程。现今,前南华纪变质基底、新元古代黄陵花岗杂岩和南华纪以来沉积地层在宜昌地区连续良好地出露,包括华南地区最古老的早前寒武纪基底岩石、距今 7 亿年左右"雪球地球事件"的古老冰川沉积地层,因此成为扬子克拉通演化研究的重要窗口(彭松柏等,2014)。黄陵穹隆及邻区,古生界主要为大套的碳酸盐岩沉积,岩性组成及古生物化石见表 8-1,是本书碳酸盐岩沉积实例解剖的对象;中生界还发育秭归盆地,是本书陆相含煤盆地实例研究的对象。

六、华北克拉通山东省中部上寒武统

华北板块南以秦岭-大别山褶皱带为界,东接郯庐断裂,其东西绵延 1 500 多千米,南北延伸 1 000 多千米(Chough et al,2010)(图 8-9)。华北板块在寒武纪—奥陶纪向赤道漂移,沉积地层厚达 2 000m,主要由碳酸盐岩组成(Chough et al,2000;McKenzie et al,2011)。其中,中寒武统发育一套碳酸盐缓坡背景下泥岩、灰岩和白云岩沉积。同时,还频繁发育风暴岩,由砾屑灰岩、丘状交错层理颗粒灰岩和泥粒灰岩组成,一些地区出露的中寒武统几乎全部由正常天气与风暴天气沉积频繁交互组成(孟祥化等,1986)。

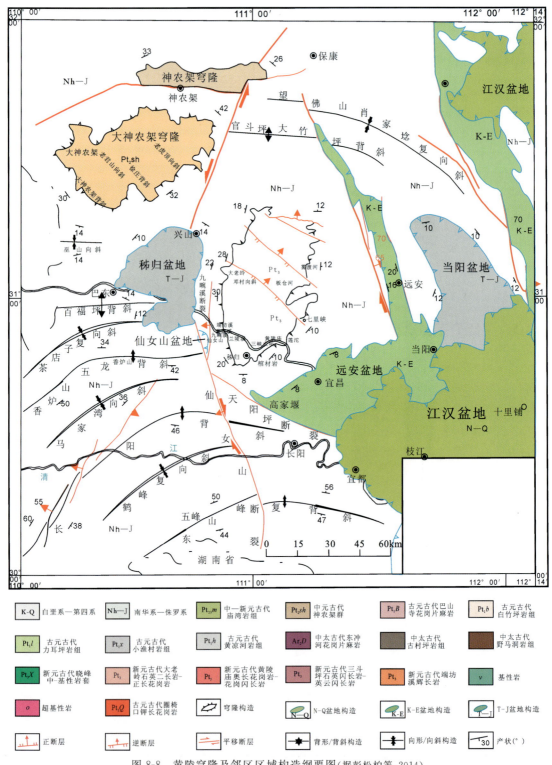

图 8-8 黄陵穹隆及邻区区域构造纲要图(据彭松柏等,2014)

表 8-1　黄陵穹隆及邻区元古宇—古生界及岩性组成

界	系	组	段	岩性描述	地层接触关系
古生界	二叠系	吴家坪组		黑灰色中层偶夹厚层状泥晶灰岩、生物碎屑灰岩	平行不整合
		茅口组		灰黑色厚层状微晶灰岩含生物碎屑亮晶灰岩,含白色方解石条带,偶夹紫红色泥岩	整合
		栖霞组		中厚层状灰黑色生物碎屑灰岩,含黑色燧石团块及黑色硅质透镜体。产海绵、珊瑚、腕足、双壳、海百合茎、蜓,以及海泡石	
		梁山组		煤系	
	石炭系				
	泥盆系	写经寺组			
		黄家蹬组		灰绿色石英砂岩夹页岩及铁矿,灰色中厚层石英细砂岩、粉砂岩,黄绿色、灰绿色、黄灰色、紫红色等杂色泥页岩为主,夹少量灰岩和鲕状赤铁矿	
		云台观组		灰白色中—厚层状石英砂岩,石英含量90%以上,可作为观赏石、石材,发育平行层理、海滩冲洗交错层理	平行不整合
	志留系	纱帽组		薄—中层状紫红色泥质粉砂岩夹紫红色粉砂质页岩	
		罗惹坪组		灰绿色薄层状粉砂岩夹透镜状页岩,产笔石化石	整合
		新滩组		黄绿色薄层状粉砂质页岩、粉砂岩、页岩,夹少量细砂岩,产笔石化石	整合
		龙马溪组		黑色碳质页岩,含笔石化石,与下伏五峰组整合接触	
	奥陶系	五峰组		下部笔石页岩段:黑色薄层状硅质页岩,含丰富的笔石化石;上部观音桥段:灰黑色生物碎屑灰岩,含丰富的赫南特贝化石,偶见三叶虫生物化石	整合
		临湘组		灰绿色薄层状粉砂岩夹透镜状页岩,产笔石化石	整合
		宝塔组		灰—深灰色厚层状灰岩,夹瘤状灰岩,产头足类震旦角石,又名中华角石,较多的水下收缩裂纹——龟裂纹	整合
		大湾组		下段:灰—灰绿色薄层状生物碎屑灰岩,主要为腕足类、海百合茎化石,含海绿石灰岩夹极薄层灰绿色泥岩;中段:紫红色生物碎屑灰岩,瘤状灰岩,含角石、蛇卷螺化石;上段:薄层状粉砂岩,泥岩夹生物碎屑灰岩	整合
		红花园组		灰—灰绿色薄层—中厚层状生物碎屑灰岩,主要为腕足生物化石,海百合茎化石,下部偶夹页岩	整合
		分乡组		灰色薄—中层状鲕粒灰岩、生物碎屑灰岩,含较多的腕足类化石	整合

续表 8-1

界	系	组	段	岩性描述	地层接触关系
古生界	寒武系	南津关组		灰色厚层状灰岩,风化呈褐红色,含内碎屑灰岩(风暴成因),含叠层石化石	整合
		娄山关组		厚—巨厚层状微晶—细晶白云岩、泥质白云岩,夹白云岩角砾	整合
		覃家庙组		灰色薄层状白云岩,泥质白云岩夹中厚层状白云岩	整合
		石龙洞组		浅灰色厚—巨厚层状白云岩,上部含少量燧石团块	整合
		天河板组		灰色薄层状灰岩夹薄层泥岩,又称泥质条带灰岩	整合
		石牌组			
		水井沱组		灰黑—黑色碳质页岩,粉砂质页岩,夹黑色薄层石灰岩,夹黑色透镜状灰岩,见黄铁矿化海绵骨针化石,富有机质	整合?
		岩家河组		深灰色极薄—薄层状白云岩,风化成土黄色,夹灰黑色碳质页岩,夹黑色硅质泥岩	整合
新元古界	震旦系	灯影组	3	灰白色厚—巨厚层状砾屑砂屑白云岩,含黑色硅质条带	整合
			2	灰黑—黑色极薄—薄层状泥晶灰岩,富含宏观藻类——文德带藻化石,偶见硅质结核长 1～3cm,可见白色方解石条带,内碎屑灰岩和丘状交错层理指示风暴成因	整合
			1	浅灰—灰色中—厚层状白云岩,风化呈褐灰色、土黄色,局部见水平纹层和帐篷构造,局部含黑色薄层硅质条带和黑色硅质结核	整合?
		陡山沱组	4	黑色碳质页岩夹黑色灰岩透镜体,呈锅底状,俗称锅底灰岩,灰黑色锅底灰岩结核,长轴长可达1m,短轴约60cm	整合
			3	灰白色薄层状白云岩夹黑色薄层状硅质条带,以灰白色厚层砾屑砂屑白云岩夹中层状细晶白云岩夹薄层状、透镜状硅质条带的出现为标志。沉积环境为潮下带上部高能、下部低能环境	整合
			2	灰色中层状白云岩夹灰黑色碳质页岩,含粒径 1～2cm 硅磷质结核,俗称"围棋子"结核,页岩是页岩气勘探的层位	整合
			1	青灰色厚—巨厚层状白云岩,发育帐篷构造和溶洞,充填葡萄状重晶石	平行不整合
	南华系	南沱组		灰绿色厚—巨厚层状泥岩,夹紫红色冰碛砾岩,含呈漂浮状砾石,圆—次圆状,长轴长达40cm,无分选,无定向,发育水平层理	平行不整合
		莲沱组		褐灰色厚—巨厚层状含砾中粗砂岩,风化呈灰红色,夹少量紫红色泥岩,砾石主要为石英、含少量花岗岩岩屑(长石),砾石直径>2mm,呈次圆状,分选较差	

第八章 实例研究区简介

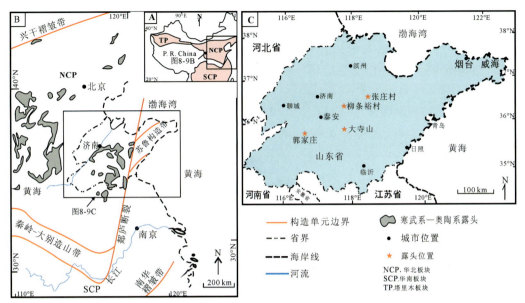

图 8-9 华北板块的位置(A)、寒武系—奥陶系出露位置(B)(据 Chough et al, 2010)及风暴岩野外调查位置(C)

山东省位于华北板块的东部,该区中—上寒武统自下而上由张夏组、崮山组、炒米店组和三山子组 C 段组成,分别以厚层状鲕粒颗粒灰岩、富含三叶虫化石的泥岩、频繁产出的砾屑灰岩、鸟巢状白云岩为识别标志(Zhou et al, 2011)。前人研究揭示,张夏组岩相自西向东由鲕粒颗粒灰岩向泥岩转变,指示了向东加深的碳酸盐缓坡背景。该区地层岩性组成及特征叙述如下(图 8-10)。

(1)张夏组:厚 126m 左右,自下而上划分为下灰岩段、盘车沟段和上灰岩段。下灰岩段由底部少量生屑灰岩和上覆厚层鲕粒灰岩组成,鲕粒直径 1~1.5mm,最大达 2.4mm,属台地边缘生屑-鲕粒滩相;盘车沟段由灰色页岩夹透镜状、薄层状灰岩组成,属台前浅缓坡相;上灰岩段以灰色叠层石灰岩为标志,叠层石直径 40~80cm,属开阔台地相。总体上,该时期表现为一个向上变深、再变浅的沉积序列。

(2)崮山组:厚 50~115m,与下伏张夏组整合接触,由深灰色页岩夹少量链条状、薄层状灰岩组成,常见三叶虫化石(周志澄等,2013),属台前缓坡-浅海盆地相,指示海平面上升,也是研究区寒武纪最大的一次海侵。

(3)炒米店组:厚 169~280m,与下伏崮山组整合接触。底部主要由中厚层状砂屑-生物碎屑灰岩组成,属台地边缘砂屑-生屑滩相;下部由浅海盆地相页岩组成;中部由页岩夹薄层灰岩、向上渐变为灰色脉状—波状层理灰岩夹薄层页岩组成,属台前深缓坡-浅缓坡;上部由浅灰色中厚层状砂屑灰岩、少量生屑灰岩及白云质灰岩组成,属台地边缘生屑-砂屑滩相至开阔台地相。

(4)三山子组 C 段:厚 35m 左右,与下伏炒米店组整合接触,由下部灰白色窝卷状叠层石白云岩和上部灰白色中厚—厚层状细晶白云岩组成,上部含较多燧石结核,属局限台地相。总体上,从炒米店组至三山子组 C 段为一个完整的向上变深、再变浅的沉积序列。

除了碳酸盐缓坡沉积之外,上寒武统炒米店组风暴岩沉积十分典型(杜远生,2005;Zhou et al,2011;宋金民等,2012)。风暴岩由砾屑灰岩、再沉积鲕粒颗粒灰岩和丘状交错层理砂屑灰岩组成,分布于碳酸盐缓坡的潮坪-外缓坡背景,表现为风暴回流、风暴涡流、风暴诱发的碎屑流-浊流成因(孟祥化等,1986;金瞰,1997;周志澄等,2013)。作为实例对象,本书资料来源于对莱芜市柳条峪村(E117°42′27.5″,N36°25′59.2″)、新泰市大寺山(E117°38′37.8″,N35°51′24.4″)、新泰市汶南镇郭家庄(E117°44′10.2″,N35°46′45.0″)、青州市张庄村(E118°20′48.0″,N36°41′46.1″)等翔实的野外露头观察。

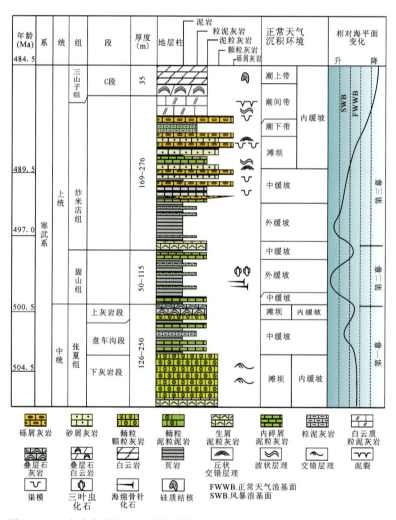

图 8-10 山东省中部中—上寒武统岩性组成及沉积相演化(据王家豪等,2019)

主要参考文献

曹守连,1997.褶皱冲断带前缘构造——三角带评述[J].世界地质,16(3):18-22.

陈世悦,袁文芳,鄢继华,2003.济阳坳陷古近纪震积岩的发现及其意义[J].地质科学,38(3):377-386.

崔永谦,秦凤启,卢永和,等,2009.河流相沉积储层地震精细预测方法研究与应用——以渤海湾盆地冀中坳陷古近系河道砂为例[J].石油与天然气地质,30(5):668-672.

戴朝成,郑荣才,朱如凯,等,2009.四川类前陆盆地须家河组震积岩的发现及其研究意义[J].地球科学进展,24(2):172-180.

杜远生,2005.广西北海涠洲岛第四纪湖光岩组的风暴岩[J].地球科学(中国地质大学学报),30(1):47-51.

杜远生,韩欣,2000a.论海啸作用与海啸岩[J].地质科技情报,19(1):19-22.

杜远生,韩欣,2000b.论震积作用和震积岩[J].地球科学进展,15(4):389-394.

杜远生,黄宏伟,黄志强,等,2009.右江盆地晚古生代—三叠纪盆地转换及其构造意义[J].地质科技情报,28(6):10-15.

冯明友,强子同,沈平,等,2016.四川盆地高石梯—磨溪地区震旦系灯影组热液白云岩证据[J].石油学报,37(5):587-598.

冯先岳,1989.地震震动液化形变的研究[J].古地理学报,6(1):3-19.

冯志强,张顺,解习农,等,2006.松辽盆地嫩江组大型陆相坳陷湖盆湖底水道的发现及其石油地质意义[J].地质学报,80(8):1 226-1 232.

韩晓东,楼章华,姚炎明,等,2000.松辽盆地湖泊浅水三角洲沉积动力学研究[J].矿物学报,20(3):305-313.

胡明毅,贺萍,2002.潮坪风暴沉积特征及其研究意义[J].地球科学进展,17(3):391-395.

黄宏伟,杜远生,黄志强,等,2007.广西丹池盆地晚古生代震积岩及其构造意义[J].地质论评,53(5):592-599.

贾承造,魏国齐,李本亮,等,2003.中国中西部两期前陆盆地的形成及其控气作用[J].石油学报,24(2):13-17.

贾进华,2000.库车坳陷白垩纪巴什基奇克组沉积层序与储层研究[J].地学前缘,7(3):133-143.

姜在兴,2010.沉积学[M].北京:石油工业出版社.

蒋恕,王华,WEIMER P,2008.深水沉积层序特点及构成要素[J].地球科学(中国地质大学学报),33(6):825-833.

焦养泉,吴立群,荣辉,2015.聚煤盆地沉积学[M].武汉:中国地质大学出版社.

金瞰,1997.徐州大北望寒武系地层中的风暴岩及其特征[J].岩相古地理,17(1):34-38.

李群,包志伟,2018.热液白云岩的研究现状及展望[J].大地构造与成矿学,42(4):699-717.

李思田,1996.含能源盆地沉积体系分析[M].武汉:中国地质大学出版社.

李勇,王成善,曾允孚,2000.造山作用与沉积响应[J].矿物岩石,20(2):49-56.

李勇,曾允孚,1995.龙门山逆冲推覆作用的地层标识[J].成都理工学院学报,22(2):1-9.

李壮福,郭英海,2000.徐州地区震旦系贾园组的风暴沉积[J].古地理学报,12(12):19-27.

林畅松,刘景彦,张燕梅,等,2002.库车坳陷第三系构造层序的构成特征及其对前陆构造作用的响应[J].中国科学(D辑),32(3):177-183.

刘和甫,汪泽成,熊保贤,等,2000.中国中西部中、新生代前陆盆地与挤压造山带耦合分析[J].地学前缘,7(3):55-72.

刘宏,马腾,谭秀成,等,2016.表生岩溶系统中浅埋藏构造-热液白云岩成因——以四川盆地中部中二叠统茅口组为例[J].石油勘探与开发,43(6):916-927.

刘少峰,李思田,1995.前陆盆地挠曲过程模拟的理论模型[J].地学前缘,2(3):69-77.

刘振夏,夏东兴,2004.中国近海潮流沉积沙体[M].北京:海洋出版社.

刘志宏,卢华复,贾承造,等,2000.库车再生前陆逆冲带造山运动时间、断层滑移速率的厘定及其意义[J].石油勘探与开发,27(1):12-15.

楼章华,卢庆梅,蔡希源,等,1998.湖平面升降对浅水三角洲前缘砂体形态的影响[J].沉积学报,16(4):27-31.

楼章华,袁笛,金爱民,2004.松辽盆地北部浅水三角洲前缘砂体类型、特征与沉积动力学过程分析[J].浙江大学学报(理学版),31(2):211-215.

卢华复,贾承造,贾东,等,2001.库车再生前陆盆地冲断构造楔特征[J].高校地质学报,7(3):257-271.

卢华复,贾东,陈楚铭,等,1999.库车新生代构造性质和变形时间[J].地学前缘,6(4):215-221.

吕晓光,李长山,蔡希源,等,1999.松辽大型浅水湖盆三角洲沉积特征及前缘相储层结构模型[J].沉积学报,17(4):572-577.

梅冥相,于炳松,靳卫广,2004.塔里木盆地北缘库车盆地白垩系风成砂岩研究——以库车河剖面为例[J].地质通报,23(12):1 221-1 227.

孟祥化,乔季夫,葛铭,1986.华北古浅海碳酸盐风暴沉积和丁家滩相序模式[J].沉积学报,4(2):1-18.

彭松柏,张先进,边秋娟,等,2014.秭归产学研基地野外实践教学教程[M].武汉:中国地质大学出版社.

乔秀夫,李海兵,高林志,1997.华北地台震旦纪—早古生代地震节律[J].地学前缘,4(3-4):155-160.

乔秀夫,宋天锐,高林志,等,1994.碳酸盐岩震动液化地震序列[J].地质学报,68(1):16-32.

主要参考文献

秦建华,吴应林,颜仰基,等,1996.南盘江盆地海西-印支期沉积构造演化[J].地质学报,70(2):99-107.

宋金民,杨迪,李朋威,等,2012.中国碳酸盐风暴岩发育特征及其地质意义[J].现代地质,26(3):589-600.

孙永传,李蕙生,1986.碎屑岩沉积相和沉积环境[M].北京:地质出版社.

王红军,胡见义,2002.库车坳陷白垩系含油气系统与高压气藏的形成[J].天然气工业,22(1):5-8.

王家豪,陈红汉,江涛,等,2012.松辽盆地新立地区浅水三角洲水下分流河道砂体结构解剖[J].地球科学(中国地质大学学报),37(3):556-563.

王家豪,陈红汉,王华,等,2009.伊通地堑永一段大型湖底扇的沉积特点及其对构造事件的响应[J].地质学报,83(4):550-557.

王家豪,王华,陈红汉,等,2005.库车前陆盆地前渊带层序地层分析——以白垩系卡普沙良群为例[J].地质科技情报,24(1):25-29.

王家豪,王华,赵忠新,等,2003.层序地层学用于古地貌研究——以塔河油田石炭系为例[J].地球科学(中国地质大学学报),28(4):425-430.

王家豪,姚光庆,袁彩萍,等,2001.焉耆盆地宝浪油田宝北区块辫状分流河道砂体储层宏观特征[J].现代地质,15(4):431-437.

王家豪,姚光庆,赵彦超,2004.浅水辫状河三角洲发育区短期基准面旋回划分及储层宏观特征分析[J].沉积学报,22(1):87-93.

王建功,王天琦,卫平生,等,2007.大型坳陷湖盆浅水三角洲沉积模式——以松辽盆地北部葡萄花油层为例[J].岩性油气藏,19(2):28-34.

王建功,王天琦,张顺,等,2009.松辽坳陷盆地水侵期湖底扇沉积特征及地球物理响应[J].石油学报,30(3):361-366.

王艳琴,2011.岩心观察描述基础[J].内蒙古石油化工,(20):49-50.

魏垂高,张世奇,姜在兴,等,2006.东营坳陷现河地区沙三段震积岩特征及其意义[J].沉积学报,24(6):798-805.

吴景富,徐强,祝彦贺,2010.南海白云凹陷深水区渐新世—中新世陆架边缘三角洲形成及演化[J].地球科学(中国地质大学学报),35(4):681-690.

吴孔友,查明,洪梅,2003.准噶尔盆地不整合结构模式及半风化岩石的再成岩作用[J].大地构造与成矿学,27(3):270-276.

吴胜和,2010.储层表征与建模[M].北京:石油工业出版社.

肖建新,林畅松,刘景颜,2002.塔里木盆地北部库车坳陷白垩系层序地层与体系域特征[J].地球学报,23(5):453-458.

徐士林,吕修祥,皮学军,等,2002.新疆库车坳陷克拉苏构造带异常高压及其成藏效应[J].现代地质,16(3):282-287.

闫伟,金振奎,姚梦竹,等,2018.冀中坳陷下古生界热液白云岩的识别和形成机制[J].石油科学通报,3(4):376-389.

杨馥祯,吴胜安,2007.近39年海南岛极端天气事件频率变化[J].气象,33(3):107-113.

杨明慧,金之均,吕修祥,等,2002.库车褶皱冲断带克拉苏三角带及其油气潜力[J].地球科学,27(6):745-750.

于兴河,2002.碎屑岩系油气储层沉积学[M].北京:石油工业出版社.

于兴河,李胜利,2009.碎屑岩系油气储层沉积学的发展历程与热点问题思考[J].沉积学报,27(5):880-895.

袁静,陈鑫,田洪水,2006.济阳拗陷古近纪软沉积变形层理及成因[J].沉积学报,24(5):666-671.

张昌民,尹太举,朱永进,等,2010.浅水三角洲沉积模式[J].沉积学报,28(5):933-944.

张传恒,刘典波,张传林,等,2006.新疆博格达地区早二叠世软沉积物变形构造:弧后碰撞前陆盆地地震记录[J].地学前缘,13(4):255-266.

张冬冬,张进,付瑜,2019.构造热液白云岩的研究进展及识别特征[J].辽宁化工,48(10):1 033-1 035.

张国栋,王益友,朱静昌,等,1987.现代滨岸风暴沉积——以舟山普陀岛、朱家尖岛为例[J].沉积学报,5(2):17-28.

张鑫,张金亮,2008.胜坨地区沙三下亚段砂砾岩体沉积特征及沉积模式[J].石油学报,29(4):533-538.

张哲,杜远生,毛治超,等,2008.湘东南桂阳莲塘上泥盆系风暴岩特征及其古地理、古气候意义[J].沉积学报,26(3):369-375.

赵志魁,张金亮,赵占银,等,2009.松辽盆地南部坳陷湖盆沉积相和储层研究[M].北京:石油工业出版社.

周江羽,王家豪,杨香华,等,2010.含油气盆地沉积学[M].武汉:中国地质大学出版社.

周丽清,邵德艳,刘玉刚,等,1999.洪泛面、异旋回、自旋回及油藏范围内小层对比[J].石油勘探与开发,26(6):75-77.

周兴熙,2003.库车油气系统北带中、新生界主要储层孔隙流体超压成因探讨[J].古地理学报,5(1):110-119.

周志澄,WILLEMS H,李越,等,2013.保存完整的风暴沉积序列在山东省寒武系崮山组的发现及其理论和实际意义[J].古生物学报,52(1):107-117.

朱伟林,李建平,周心怀,等,2008.渤海新近系浅水三角洲沉积体系与大型油气田勘探[J].沉积学报,26(4):575-582.

朱筱敏,赵东娜,曾洪流,等,2013.松辽盆地齐家地区青山口组浅水三角洲沉积特征及其地震沉积学响应[J].沉积学报,31(5):889-897.

邹才能,赵文智,张兴阳,等,2008.大型敞流坳陷湖盆浅水三角洲与湖盆中心砂体的形成与分布[J].地质学报,82(6):813-825.

AIGNERL T,1982. Calcareous tempestites: Storm-dominated stratification in upper Muschelkalk limestones[M]. Berlin-Heiddberg,New York:Springer.

ALLEN J R L,1979. A model for the interpretation of wave ripple-marks using their wavelength textural composition, and shape[J]. Journal of the Geological Society(136): 673-682.

ARNOTT R W C,1989,HAND B M. Bedforms,primary structures and grain fabric in the presence of suspended sediment rain[J]. Journal of Sedimentary Petrology(59): 1 062-1 069.

BOUMA A H,1962. Sedimentology of some flysch deposits: A graphic approach to facies interpretation[M]. New York:Elsevier publishers,Amsterdam.

BREIEN H,DE BLASIO F V,ELVERHØI A,et al,2010. Transport mechanisms of sand in deep-marine environments—insights based on laboratory experiments[J]. Journal of Sedimentary Research(80):975-990.

CHEN J H,STILLER F,2010. An early Daonella from the Middle Anisian of Guangxi, southwestern China, and its phylogenetical significance[J]. Swiss Journal of Geosciences (103):523-533.

CROSS T A,BAKER M R,1993. CHAPIN M A. Application of high-resolution sequence stratigraphy to reservoir analysis[J]. Subsurface Reservoir Characterization from Outcrop Observations[M]. Paris:Editions Technip:11-33.

DORRIK A. V. STOW,2017. 沉积岩野外工作指南[M]. 周川闽,高志勇,罗平,译. 北京：科学出版社.

DOT R H J,BOURGEOIS J,1982. Hummocky stratification:Significance of its variable bedding sequence[J]. Geological Society of America Bulletin(90):663-680.

EINSELE G,RICKEN W,SEILACHER A,1991. Cycle and events in stratigraphy[M]. New York:Springer-Verlag.

FENTON M,WILSON C,1985. Shallow-water turbidites:An example from the Mallacoota Beds,Australia[J]. Sedimentary Geology(45):231-260.

FLEMINGS P B,JORDAN T E,1989. A synthetic stratigraphic model of foreland basin development[J]. Geophysical Research(94):3 851-3 866.

HOLLISTER C D,McCave I N,1984. Sedimentation under deep-sea storms[J]. Nature (309):220-228.

HUANG H,DU Y S,HUANG Z Q,et al,2013. Depositional chemistry of chert during late Paleozoic from western Guangxi and its implication for the tectonic evolution of the Youjiang Basin[J]. Science China:Earth Sciences,56:479-493.

JONE P B,1996. Triangle zone geometry, terminology and kinematics[J]. Bulletin of Canadian Petroleum Geology,44(2):139-152.

JORDAN T E,1981. Thrust loads and foreland basin evolution, Cretaceous, western United States[J]. AAPG Bulletin,6:2 506-2 520.

KELLING G,MULLIN P R,1975. Graded limestones and limestone quartzite couplets: Possible storm-sediments from the Moroccan Carboniferous[J]. Sedimentary Geology,13

(3):161-190.

KOLLA V,BOURGES P,URRUTY J M,et al,2001. Evolution of deep-water Tertiary sinuous channels offshore Angola (West Africa) and implications for reservoir architecture [J]. AAPG Bulletin,85:1 373-1 405.

KUMAR N,SANDERS J E,1976. Characteristics of shoreface storm deposits: Modern and ancient examples[J]. Journal of Sedimentary Research,46(1):145-162.

LEHRMANN D J,CHAIKIN D H,ENOS P,et al,2015. Patterns of basin fill in Triassic turbidites of the Nanpanjiang basin: Implications for regional tectonics and impacts on carbonate-platform evolution[J]. Basin Research(27):587-612.

LEHRMANN D J,PEI D H,ENOS P,et al,2007. Impact of differential tectonic subsidence on isolated carbonate-platform evolution: Triassic of the Nanpanjiang Basin,south China[J]. AAPG Bulletin(91):287-320.

LEHRMANN D J,STEPCHINSKI L,ALTINER D,et al,2015. An integrated biostratigraphy (conodonts and foraminifers) and chronostratigraphy (paleomagnetic reversals, magnetic susceptibility, elemental chemistry, carbon isotopes and geochronology) for the Permian-Upper Triassic strata of Guandao section,Nanpanjiang Basin,south China[J]. Journal of Asian Earth Sciences(108):117-135.

LIGNIER V,BECK C,CHAPRON E,1998. Geometrical and textural characteristics of earthquake induced disturbances in quaternary glacio-lacustrine sediments (Argiles du Trieves,Alps,France)[J]. Eart & Planetary Scinences,327(10):645-652.

MARR J G,HARFF P A,SHANMUGAM G,et al,2001. Experiments on subaqueous sandy gravity flows: The role of clay and water content in flow dynamics and depositional structures[J]. Geological Society of America Bulletin(113):1 377-1 386.

MUTTI E,RICCI LUCCHI F,1972. Turbidites of the northern Apennines:introduction to facies analysis[J]. International Geology Review(20):125-166.

MYROW P M,HISCOTT R N,1991. Shallow-water gravity-flow deposits,Chapel Island Formation,southeast Newfoundland,Canada[J]. Sedimentology(38):935-959.

OKAY S,JUPINET B,LERICOLAIS G,et al,2011. Morphological and stratigraphic investigation of a Holocene subaqueous shelf fan,north of the Istanbul Strait in the Black Sea [J]. Turkish Journal of Earth Sciences(20):287-305.

POSAMENTIER H W,KOLLA V,2003. Seismic geomorphology and stratigraphy of depositional elements in deep-water settings[J]. Journal of Sedimentary Research,73(3):367-388.

POSAMENTIER H W,WALKER R G,2006. Deep-water turbidites and submarine fans [M]//Facies models revisited. Tulsa,Okla:Society for Sedimentary Geology:397-520.

POSTMA G,NEMEC W,KLEINSPEHN K L,1988. Large floating clasts in turbidites: A mechanism for their emplacement[J]. Sedimentary Geology(58):47-61.

PÉREZ-LÓPEZ A,2001. Significance of pot and gutter casts in a Middle Triassic carbonate platform,Betic Cordillera,southern Spain[J]. Sedimentology,48(6):1 371-1 389.

SAVRDA C E,NANSON L L,2003. Ichnology of fair-weather and storm deposits in an Upper Cretaceous estuary (Eutaw Formation,western Georgia,USA)[J]. Palaeogeography, Palaeoclimatology,Palaeoecology(202):67-84.

SHANMUGAM G,1996. High-density turbidity currents:Are they sandy debris flows? [J]. Journal of Sedimentary Research(66):2-10.

SHANMUGAM G,2000. 50 years of the turbidite paradigm (1950s – 1990s):Deep-water processes and facies models—a critical perspective[J]. Marine and Petroleum Geology (17):285-342.

SHANMUGAM G,2003. Deep-marine tidal bottom currents and their reworked sands in modern and ancient submarine canyons[J]. Marine and Petroleum Geology(20):471-491.

SHANMUGAM G,2012. New perspective on deep-water sandstones:Origin,recognition,initiation,and reservoir quality[J]. Handbook of Petroleum Exploration and Production (9):524.

SHANMUGAM G,MOIOLA R J,1995. Reinterpretation of depositional processes in a classic flysch sequence (Pennsylvanian Jackfork Group),Ouachita Mountains,Arkansas and Oklahoma[J]. AAPG Bulletin(79):672-695.

SHANMUGAM G,SPALDING T D,ROFHEART D H,1993. Traction structures in deep-marine,bottom-current reworked sands in the Pliocene and Pleistocene,Gulf of Mexico[J]. Geology(21):929-932.

SHAW J,SUPPE J,1994. Active faulting and growth folding in the eastern Santa Barba channel[J]. California:Geology Society American Bulltin(106):607-626.

STOW D A V,JOHANSSON M,2000. Deep-water massive sands:Nature,origin and hydrocarbon implications[J]. Marine and Petroleum Geology(17):145-174.

SUPPE J,CHOU G T,HOOK S C,1992. Rate of folding and faulting determined from growth strata[C]//McClay K R. Thrust Tectonics. New York:Champman & Hill:105-121.

SYLVESTER Z,DEPTUCK M E,PRATHER B E,et al,2012. Seismic stratigraphy of a shelf-edge delta and linked submarine channels in the northeastern Gulf of Mexico[J]. EPM Special Publication(99):31-59.

TANNER W F,1967. Ripple mark indices and their uses[J]. Sedimentology(9):89-104.

TOKUHASHI S,1996. Shallow-marine turbiditic sandstones juxtaposed with deep-marine ones at the eastern marine of the Nilgate Neogene backarc basin,central Japan[J]. Sedimentary Geology(104):99-116.

VAN Wagoner J C,MTCHUNL RM,CAMPION K M,et al,1990. Siliciclastic sequence stratigraphy in well,core and outcrops and outcrops-concept for high-resolution correlation of times and facies[J]. AAPG,Methods Exploration Series(7):1-55.

Villa E, Bahamonde J R, 2001. Accumulations of Ferganites (Fusulinacea) in shallow turbidite deposits from the Carboniferous of Spain[J]. Journal of Foraminiferal Research (31): 173-190.

WALKER R G, 1978. Deep-water sandstone facies and ancient submarine fans: Models for exploration for stratigraphic traps[J]. American Association of Petroleum Geologists Bulletin(62): 932-966.

WALTHAM D, 2004. Flow transformations in particulate gravity currents[J]. Journal of Sedimentary Research(74): 129-134.

WOOD L J, KRISTINE L, 2009. Quantitative seismic geomorphology of a Quaternary levee-channel system, offshore eastern Trinidad and Tobago, northeastern South America[J]. AAPG Bulletin, 93(1): 101-125.

WRIGHT V P, MARRIOTT S B, 1993. The sequence stratigraphy of fluvial depositional systems: the role of floodplain sediment storage[C]//Cloetingh S, et al, eds. Basin Analysis and Dynamics of Sedimentary Basin Evolution. Sedimentary Geology(86): 203-210.

YANG J, CAWOOD P A, DU Y, et al, 2012. Detrital record of Indosinian mountain building in SW China: Provenance of the Middle Triassic turbidites in the Youjiang Basin[J]. Tectonophysics(574): 105-117.

ZENG H L, AMBROSE W A, 2001. Seismic sedimentology and regional depositional systems in Mioceno Norte, Lake Maracaibo, Venezuela[J]. The Leading Edge, 20 (11): 1 260-1 269.

ZENG H L, ZHU X M, ZHU R K, et al, 2012. Guidelines for seismic sedimentologic study in non-marine postrift basins[J]. Petroleum Exploration and Development, 39(3): 275-284.

ZOU C, WANG L, LI Y, et al, 2012. Deep-lacustrine transformation of sandy debrites into turbidites, Upper Triassic, Central China[J]. Sedimentary Geology(265/266): 143-155.

图版及图版说明

岩心图版

图版 1　沾化凹陷太平油田沙河街组内部不整合面识别标志
图版 2　沾化凹陷太平油田沙河街组与中生界之间不整合面识别标志
图版 3　湖泊扇三角洲沉积整体解译
图版 4　湖泊扇三角洲沉积典型岩性组合及沉积构造
图版 5　湖相扇三角洲前缘典型重力流沉积及岩性组成特征
图版 6　歧口凹陷板桥次凹沙河街组扇三角洲沉积特征
图版 7　辫状河、曲流河沉积整体解译
图版 8　滨浅湖沉积典型沉积构造和生物化石
图版 9　湖泊沙坝沉积岩性组成及沉积构造
图版 10　湖相沙滩沉积整体特征及沉积构造
图版 11　滨浅湖-深湖相典型岩性及沉积构造
图版 12　库车坳陷古近纪库姆格列木群氧化咸化湖泊沉积特征
图版 13　滨海临滨-前滨带沉积典型岩性组成及沉积构造
图版 14　潮坪海岸沉积典型沉积构造及岩性组合
图版 15　塔里木盆地柯坪塔格组下段陆架砂脊沉积特征
图版 16　四川盆地礁石坝地区五峰组—龙马溪组富有机质页岩沉积特征
图版 17　湖相三角洲沉积典型岩性及沉积构造
图版 18　湖泊三角洲沉积整体解释
图版 19　湖泊辫状河三角洲辫状分流河道沉积整体解释
图版 20　湖盆重力流沉积典型岩性及沉积构造
图版 21　歧口凹陷板桥次凹 BS24-5 井沙一下亚段滑塌型湖底扇沉积构造及岩性组成
图版 22　歧口凹陷滨海地区港深 72 井沙一下亚段滑塌型湖底扇沉积特征
图版 23　歧口凹陷 GS33 井、BS38 井滑塌型湖底扇沉积构造及测井曲线特征
图版 24　歧口凹陷板桥次凹 BS25 井沙二段洪水型湖底扇沉积特征
图版 25　歧口凹陷歧南次凹 Qn6 井沙一中亚段洪水型湖底扇沉积特征
图版 26　白云凹陷珠海组盆底扇岩性组成及沉积特征整体解译
图版 27　白云凹陷珠海组 L3-2 井盆底扇岩性组成及沉积构造
图版 28　白云凹陷珠海组斜坡扇沉积微相及岩性组成
图版 29　白云凹陷珠海组斜坡扇沉积典型沉积构造及序列
图版 30　白云凹陷 L32-2 井 SQ21 层序潮流改造斜坡扇岩性组成及测井曲线
图版 31　白云凹陷 L32-2 井 SQ21 层序潮流改造斜坡扇岩性组成及典型沉积构造
图版 32　莺歌海盆地黄流组浅海背景下海底扇沉积特征
图版 33　鄂尔多斯盆地安塞油田丹 41 井延长组长 6 段岩心沉积相及震积沉积构造
图版 34　鄂尔多斯盆地安塞油田丹 43 井延长组长 6 段沉积相及震积沉积构造
图版 35　鄂尔多斯盆地安塞油田丹 45 井延长组长 6 段沉积相及震积沉积构造
图版 36　鄂尔多斯盆地安塞油田丹 49 井延长组沉积相及震积岩典型沉积构造
图版 37　孔店凹陷自来屯油田枣 78 井火山岩相分析综合柱状图
图版 38　孔店凹陷枣 66-1 井火山岩岩相类型及结构

沾化凹陷太平油田渤995井，2 780～2 796m，为古近系沙河街组沙一段E$_s^1$至沙三段E$_s^3$，于2 793m识别两者之间的不整合界面。界面之上为深灰色泥岩，水平层理，含少量介形虫化石，半深湖—深湖相；灰色砾岩，灰绿色粉砂岩，辫状分流河道沉积。界面之下2 795.2m，2 796.1m见垂直裂缝，充填泥质、铁质和粗粒砂质，裂缝延伸5～10cm，不规则。2 793.2～2 794.0m发育针状溶孔。

渤991井，2 860.0～2 865.0m，2 863.0m见沙河街组一段E$_s^1$不整合界面。界面之上，浅灰色泥岩，水平层理，属浅湖相，含较多动物化石，破碎严重，含鱼化石；界面之下为灰绿色粉砂质泥岩，灰绿色，属半风化岩，夹少量砾石；向下为灰绿色、褐红色泥岩，夹薄层砂岩，岩心盒长度1m，岩心直径9.6cm，下文同。

图版1 沾化凹陷太平油田沙河街组内部不整合面识别标志

图版 2 沾化凹陷太平油田沙河街组与中生界之间不整合面识别标志

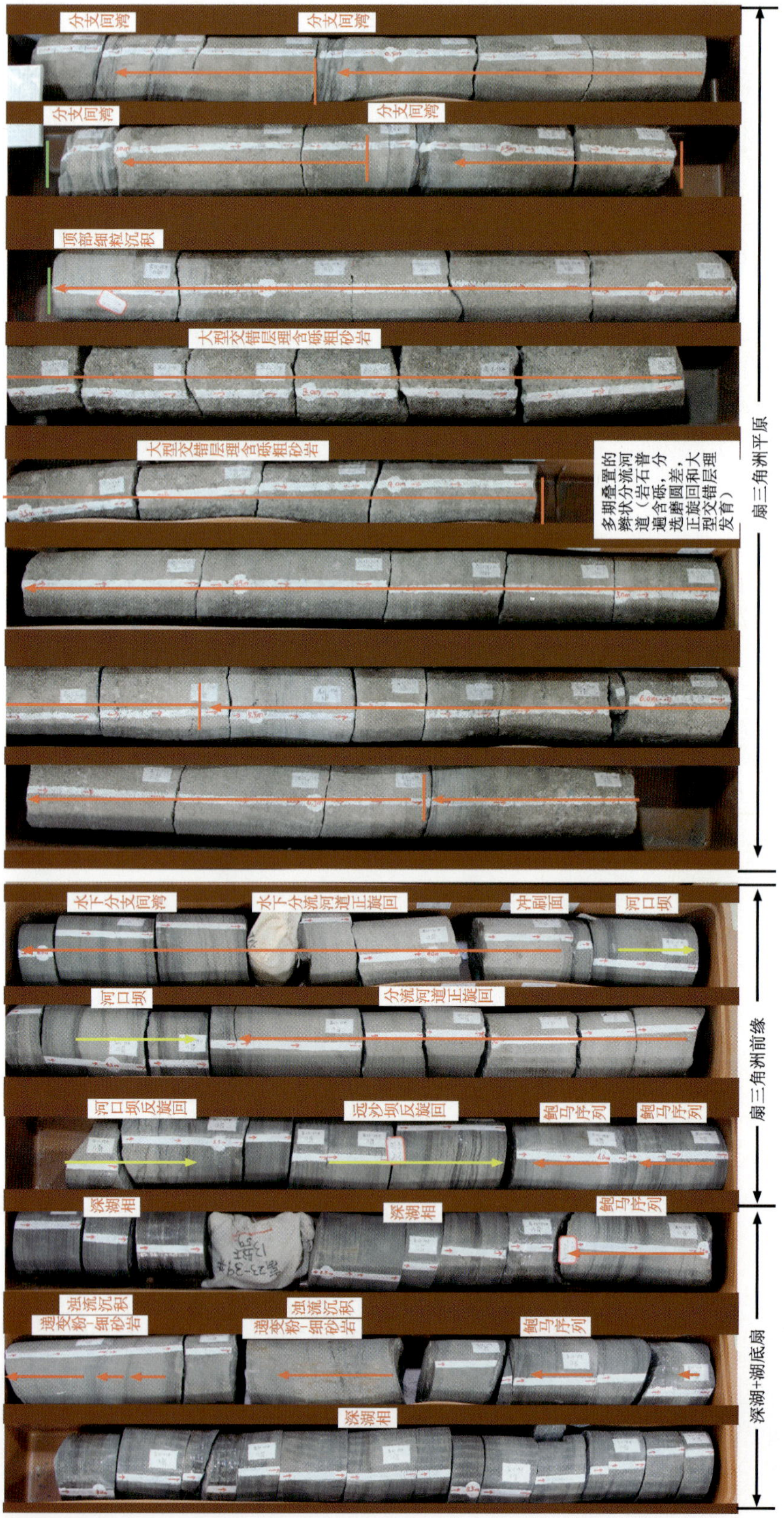

图版 3　湖泊扇三角洲沉积整体解译

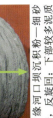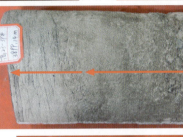

图版 4 湖泊扇三角洲沉积典型岩性组合及沉积构造

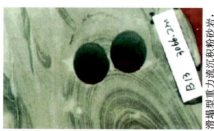 

图版 5　湖相扇三角洲前缘典型重力流沉积及岩性组成特征

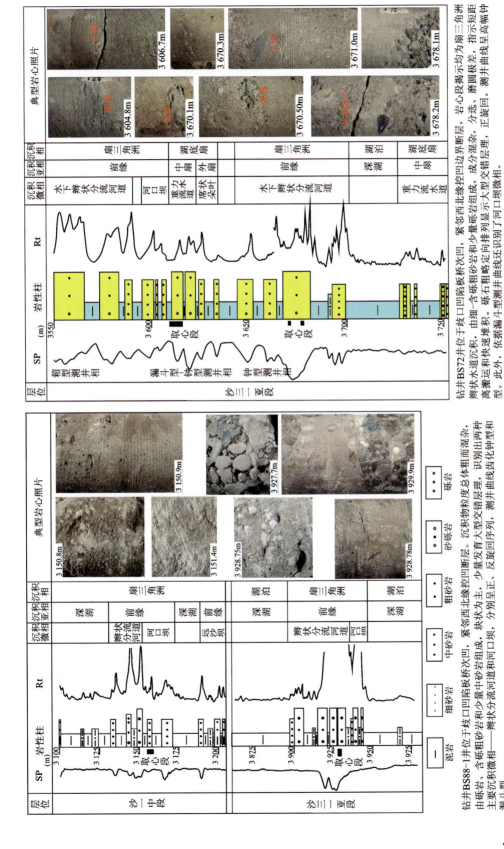

图版 6 歧口凹陷板桥次凹沙河街组扇三角洲沉积特征

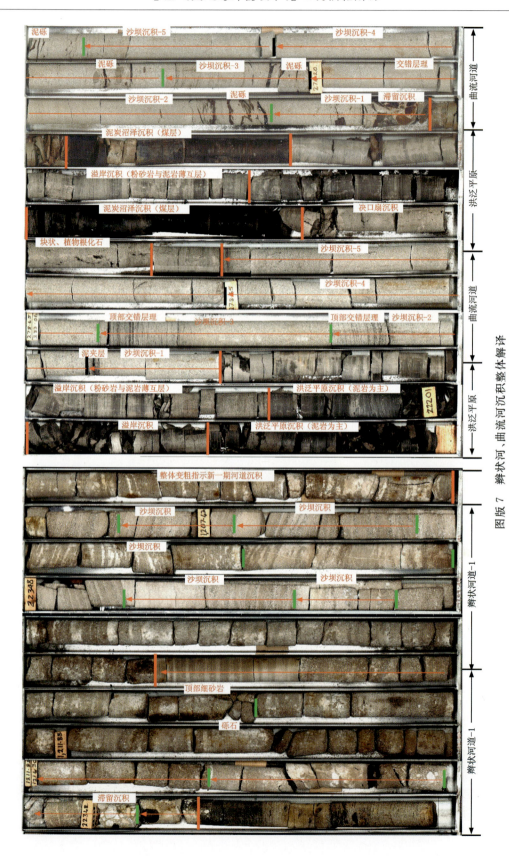

图版 7 辫状河、曲流河沉积整体解译

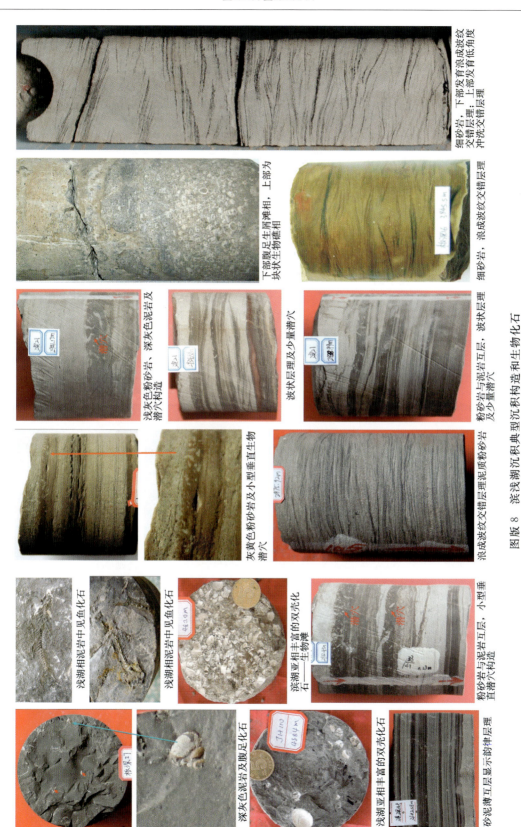

图版 8 滨浅湖沉积典型沉积构造和生物化石

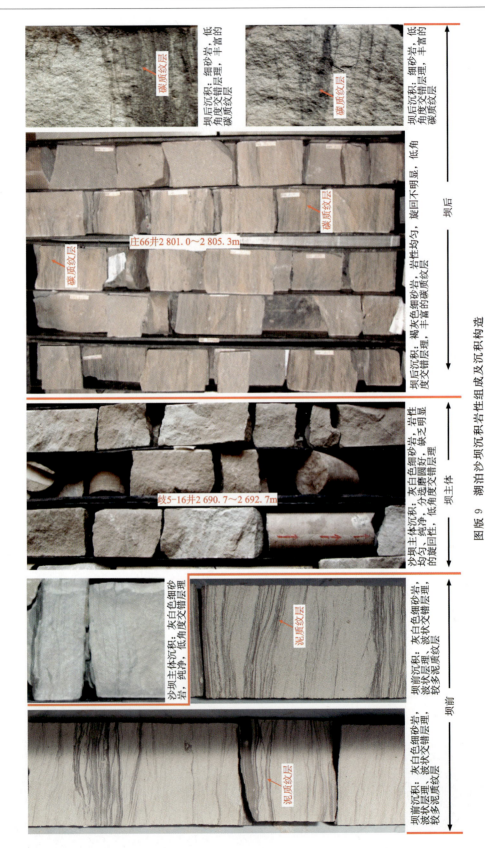

图版 9　湖泊沙坝沉积岩性组成及沉积构造

滩沙微相相比坝沙微相砂层薄（单砂层近毫米级至30cm厚），较多的泥质夹层、波状层理十分丰富，少量透镜状层理，少量潜穴和植物根化石。常见向上和向下渐变细变化——双向对称变化的典型特征。渐变细由泥夹层增多，砂层减薄体现，比较对称或向上变浅变薄。单个双向递变厚30～80cm，是湖平面下降-上升变化的结果。相邻的双向递变由较厚的泥岩相隔。

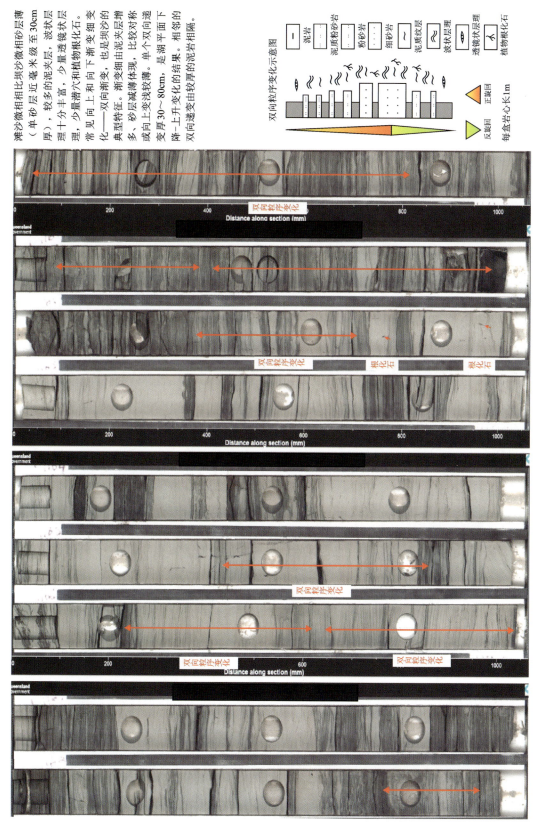

图版10 湖相沙滩沉积整体特征及沉积构造

图版 11 滨浅湖-深湖相典型岩性及沉积构造

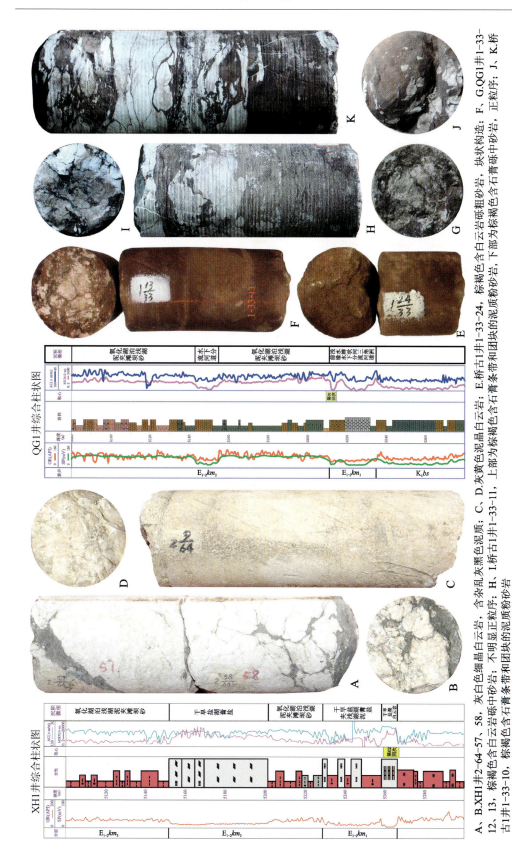

图版 12 库车坳陷古近纪库姆格列木群氧化咸化湖泊沉积特征

A、B.XH1井2-64-57、58，灰白色细晶白云岩；C、D.灰黄色泥晶白云岩，含杂乱灰黑色泥质；C、D.XH1井1-33-24，棕褐色含白云岩砾粗砂岩，块状构造；F、G.QG1井1-33-12、13，棕褐色含白云岩砾中砂岩；不明显正粒序；H、I.桥古1井1-33-11，上部为棕褐色含石膏条带和团块的泥质粉砂岩，下部为棕褐色含石膏粉砂岩，正粒序；J、K.桥古1井1-33-10，棕褐色含石膏条带和团块的泥质粉砂岩

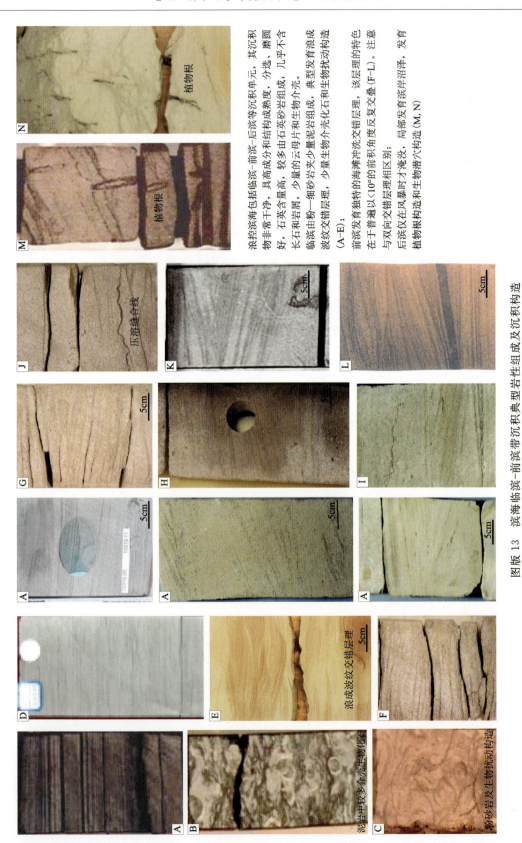

图版 13 滨海临滨-前滨带沉积典型岩性组成及沉积构造

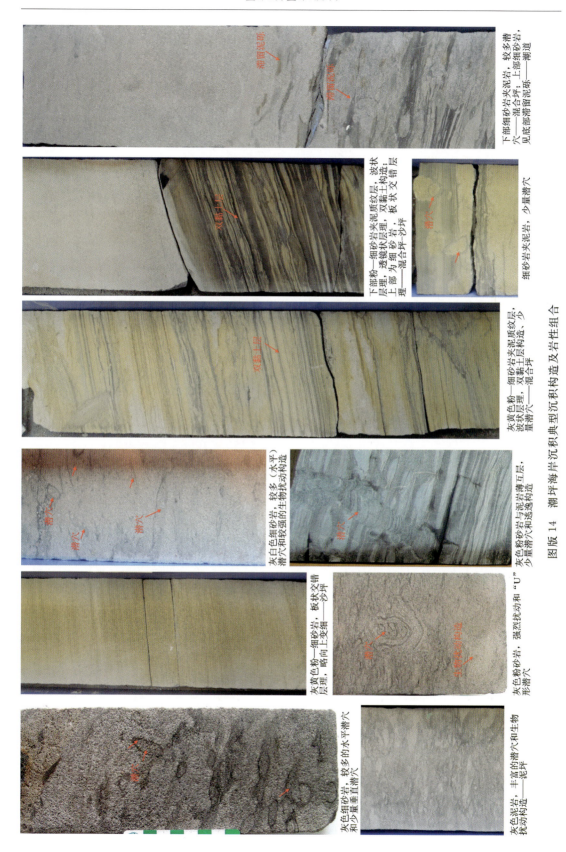

图版 14 潮坪海岸沉积典型沉积构造及岩性组合

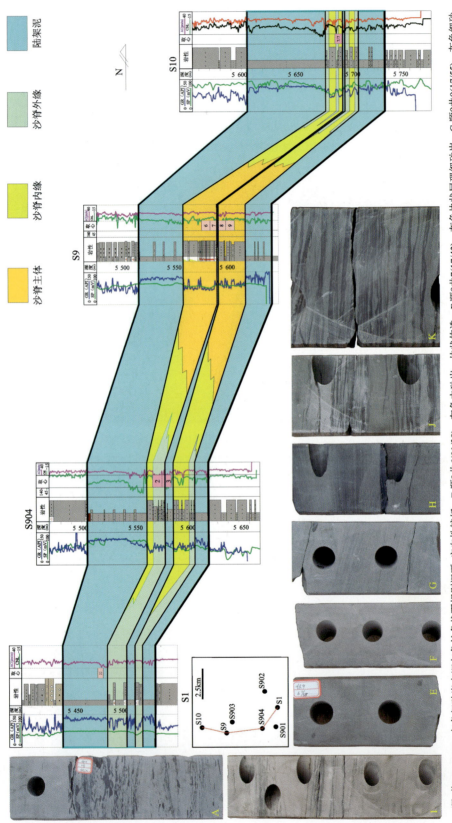

图版 15 塔里木盆地柯坪塔格组下段陆架砂脊沉积特征

A.顺9井9(9–10/55),灰色细砂岩夹深灰色长条状不规则泥砾,定向性较好;E.顺9井6(01/38),灰色中砂岩,块状构造;F.顺9井7(17/43),灰色块状层理细砂岩;G.顺9井9(17/55),灰色细砂岩,见压扁泥砾,双向交错层理;H.顺1井9(10/55),灰色中—细砂岩,夹薄层泥岩,交错层理,见深灰色泥岩纹层;I.顺902井4(13–14/36),灰色细砂岩,低角度双向交错层理,潮汐层理的细砂岩与泥岩互层相;J.顺902井7(39/63),灰色细砂岩与深灰色不规则的薄层状泥岩互层,砂泥互层韵律层理,脉状—透镜状层理,泥岩普遍见被冲刷现象;K.顺902井7(63/63),灰色细砂岩与深灰色不规则的薄层状泥岩互层;泥岩普遍见被冲刷现象。

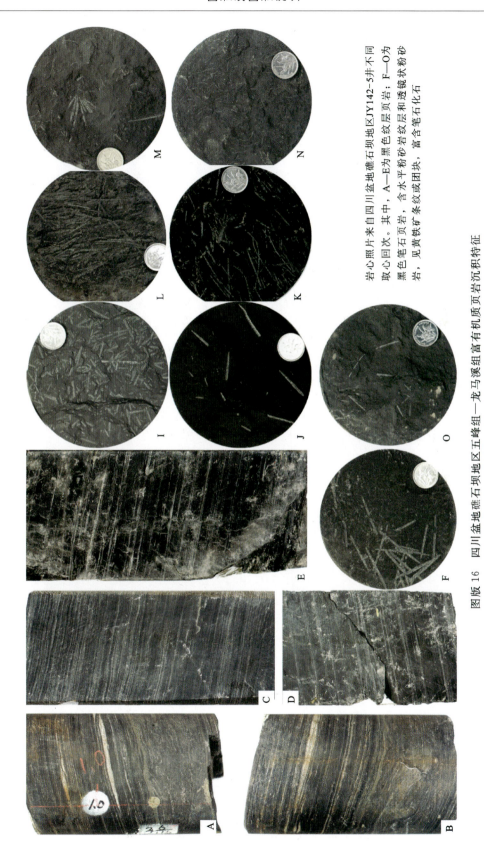

图版 16 四川盆地礁石坝地区五峰组—龙马溪组富有机质页岩沉积特征

岩心照片来自四川盆地礁石坝地区JY142-5井不同取心回次。其中，A—E为黑色纹层页岩；F—O为黑色笔石页岩，含水平粉砂岩纹层和透镜状粉砂岩，见黄铁矿条纹或团块，富含笔石化石

图版 17 湖相三角洲沉积典型岩性及沉积构造

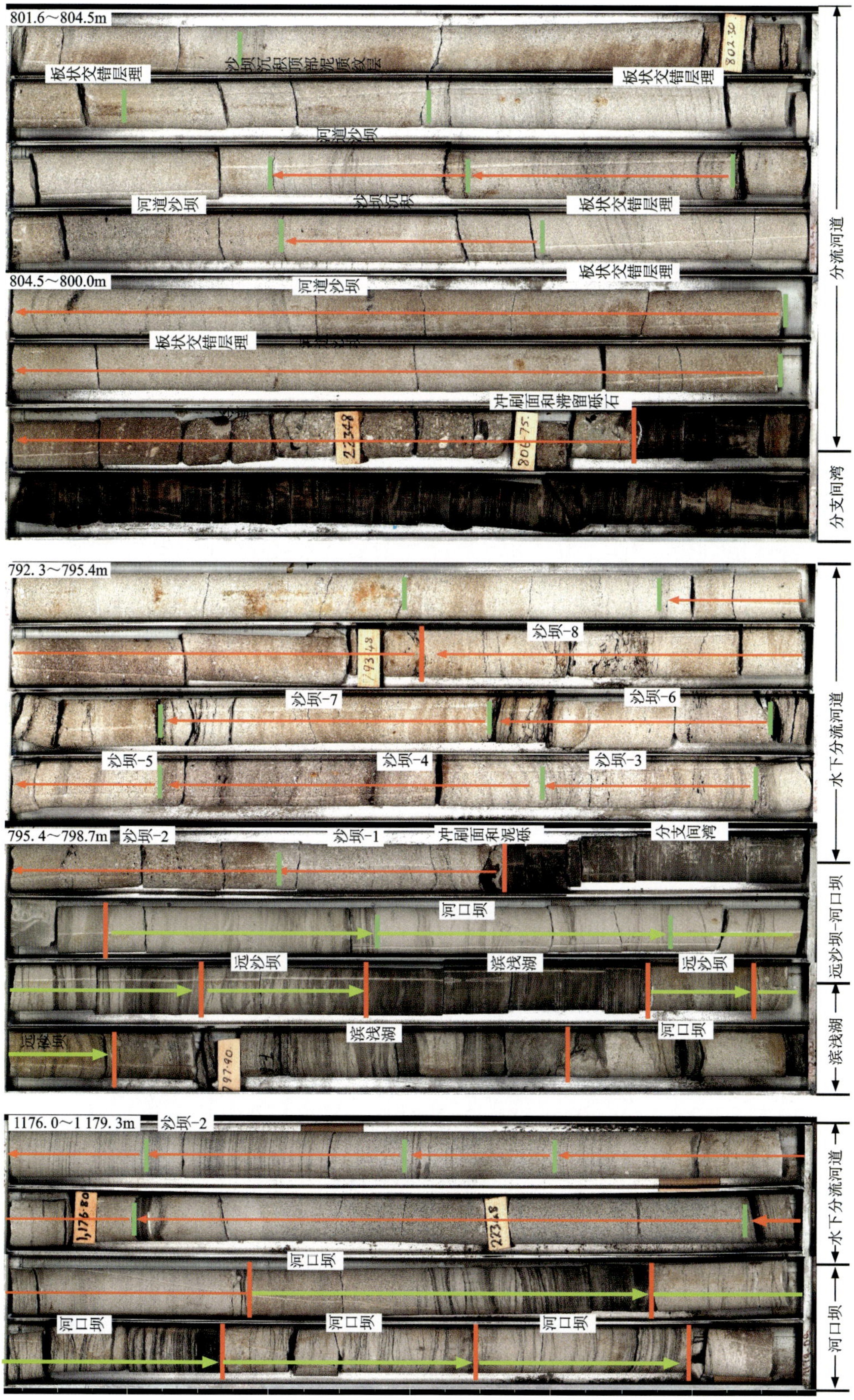

图版 18 湖泊三角洲沉积整体解释

由浅灰—灰白色砾岩和含砾粗砂岩组成,分选、磨圆较差,两种岩性频繁交替,大型板状交错层理发育。总体表现为不同级别的正旋回多期叠置特征(中期)正旋回厚10～30cm。由砾岩向上变细为含砾粗砂岩组成,对应于心滩沉积。单期辫状分流河道底部见冲刷面和泥砾,上部主要由含砾粗砂岩组成,总体呈正旋回序列。个别的大尺度回旋底部10cm左右的砾岩,上部主要呈正旋回序列不明显的,单期水道尺度下单期水道底部较厚层,单期水道底部较粗,岩心尺度下单期水道不易划分厚1～5m。

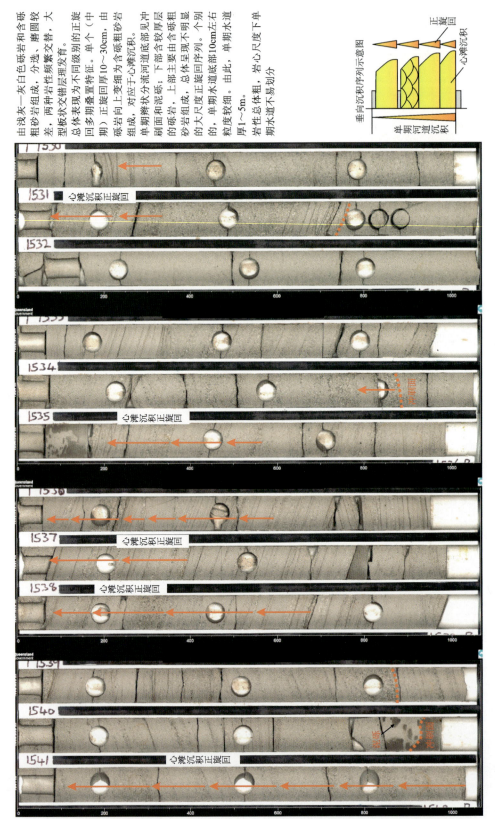

图版 19　湖泊辫状河三角洲辫状分流河道沉积整体解释

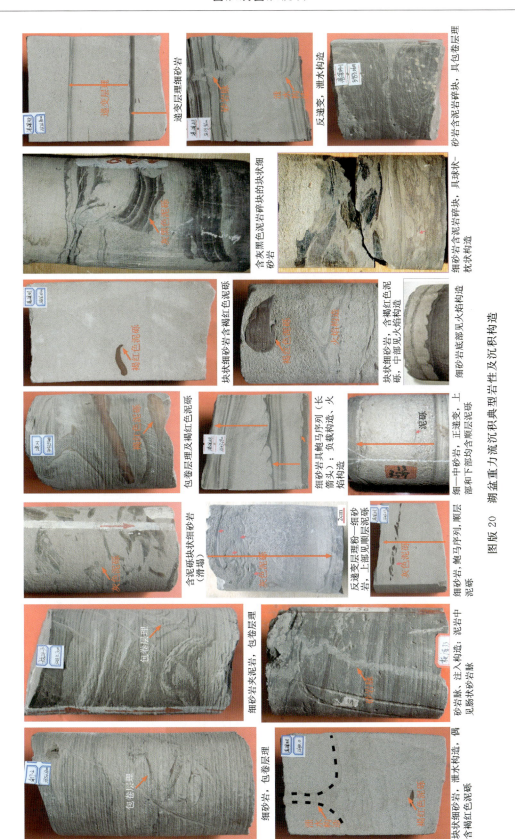

图版 20 湖盆重力流沉积典型岩性及沉积构造

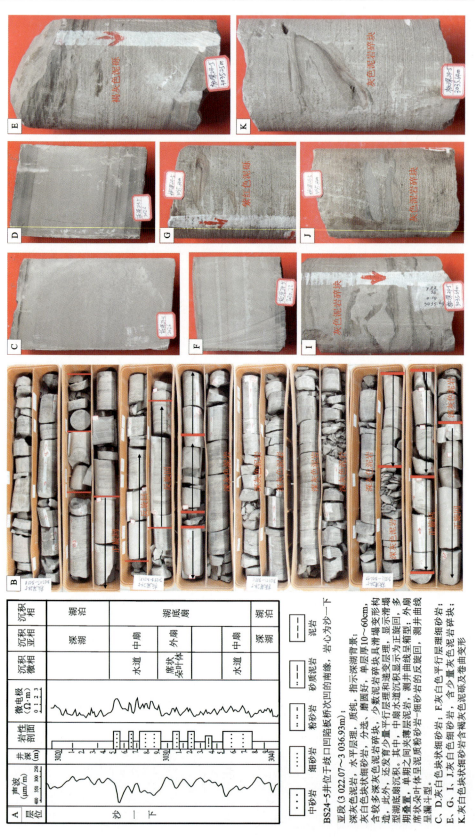

图版 21 歧口凹陷板桥次凹 BS24-5 井沙一下亚段滑塌型湖底扇沉积构造及岩性组成

钻井位于歧口凹陷滨海地区,且钻井远离同沉积期盆地边缘,但钻井揭示了沙一段下亚段下部较多的砂岩储层。主要由粉—细砂岩和少量含砾中—粗砂岩组成,普遍含褐红—深灰色泥砾和深灰色泥岩、砂岩碎块,块状和滑塌变形层理,局部具鲍马序列和滑塌变形构造。其中,泥砾具磨圆,最大砾径4cm,常分布于正递变层理的顶部。相比,泥岩碎块棱角分明,呈撕裂状,内部见卷曲变形。总体组合和湖变薄互层的沉积特性指示了滑塌—破碎的沉积搬运过程和湖底扇的滑塌型重力流成因。

结合岩心和测井曲线,单期湖底扇沉积总体呈现大尺度的反旋回序列,可识别出内扇主水道、中扇分支水道边缘和外扇席状砂微相。其中,内扇主水道呈高幅厚箱形,其自然伽马曲线呈马曲线箱型;中扇分支水道主要由细砂岩组成,自然伽马曲线呈高幅的指形—齿形,其自然伽马曲线主要呈圣诞树型;外扇席状砂由粉质粉砂岩—粉砂岩组成,自然伽马曲线呈齿状漏斗型。勘探结果表明,内扇主水道和中扇近端分支水道单期叠置砂体厚达5.5m,多期水道叠置砂体厚度2~10~20m

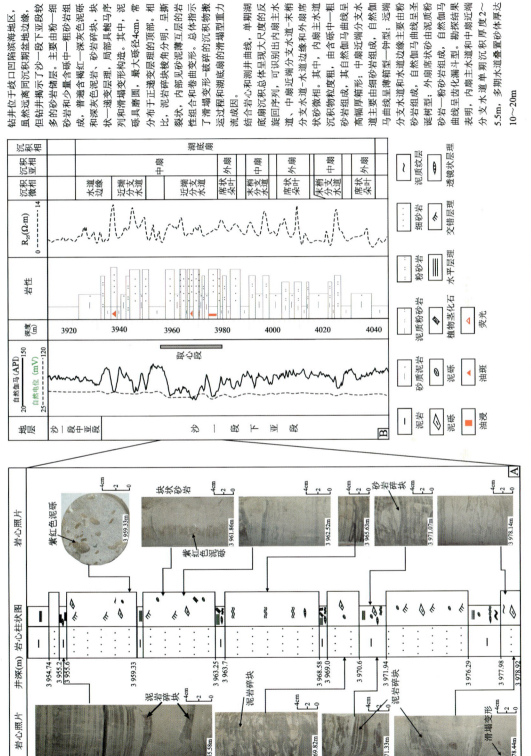

图版22 歧口凹陷滨海地区港深72井沙一下亚段滑塌型湖底扇沉积特征

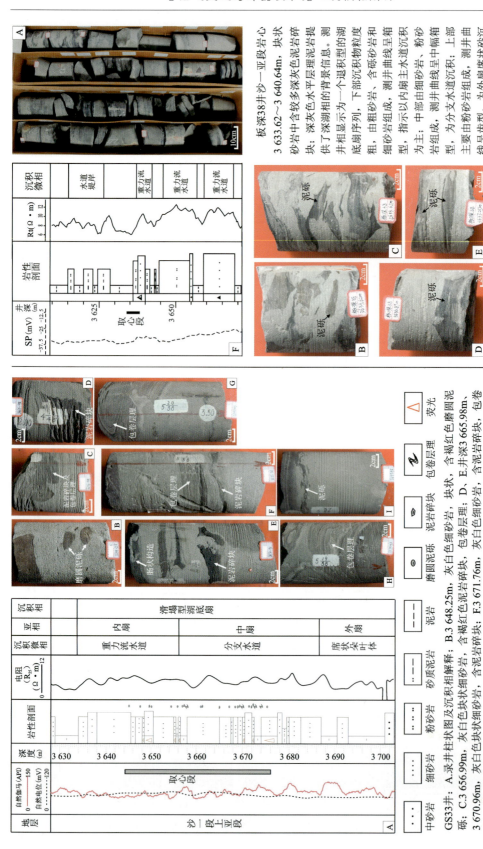

图版 23　歧口凹陷 GS33 井、BS38 井滑塌型湖底扇沉积构造及测井曲线特征

图版及图版说明

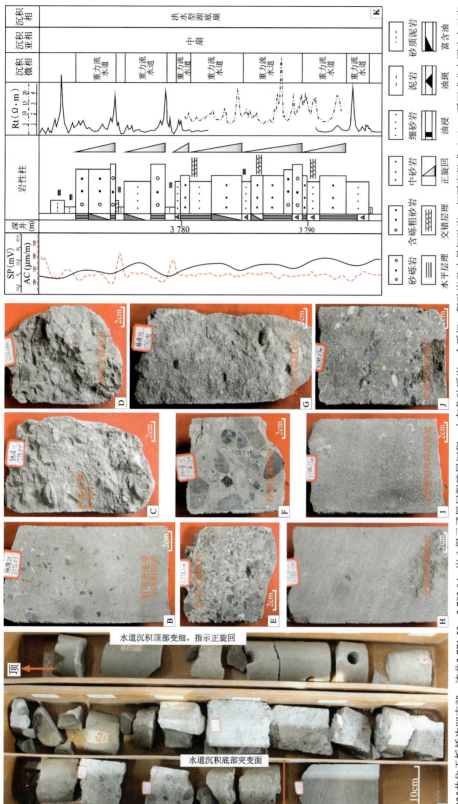

图版 24 歧口凹陷板桥次凹 BS25 井沙二段洪水型湖底扇沉积特征

BS25井位于板桥次凹南部，该井3 771.53~3 793.04m岩心揭示了厚层粗碎屑沉积，由灰色砂砾岩、含砾粗砂岩及少量细砂岩、细砾岩组成（A）。砾石成分主要为白云岩和砂砾岩岩屑，其大小混杂、分选差、排列无定向，但磨圆较好，呈漂浮状分布于细—中砂颗粒之中，显示为砂基支撑砾岩相；沉积构造以块状-正递变为主，局部具逆递变和平行层理，且递变层理多表现为粗尾递变；岩心段由多个2.5~5m厚的正旋回序列组成，平行层理细—粗砂岩出现在单个旋回的顶部（B-D），旋回之间岩性突变或以薄泥岩相隔。该层段总体识别为湖底扇内膀重力流水道微相。岩心段富含油—油浸，指示了较好的储集性（K）。BS25井揭示的湖底扇位于扇三角洲沉积体之前，与扇三角洲一起均受到北缘控盆边界断层活动的制约；较好的砾石磨圆度指示了鬃状河流供源，即砂砾质沉积物由鬃状河洪水流的搬运磨蚀，在河口处水流之能量迅速释放而演变为重力流。块状-粗尾递变层理、砂基支撑结构和砂基支撑砾岩相是异重流沉积的标志，也是砂砾岩具备较好储集性的原因。

图版 25　歧口凹陷歧南次凹 Qn6 井沙一中亚段洪水型湖底扇沉积特征

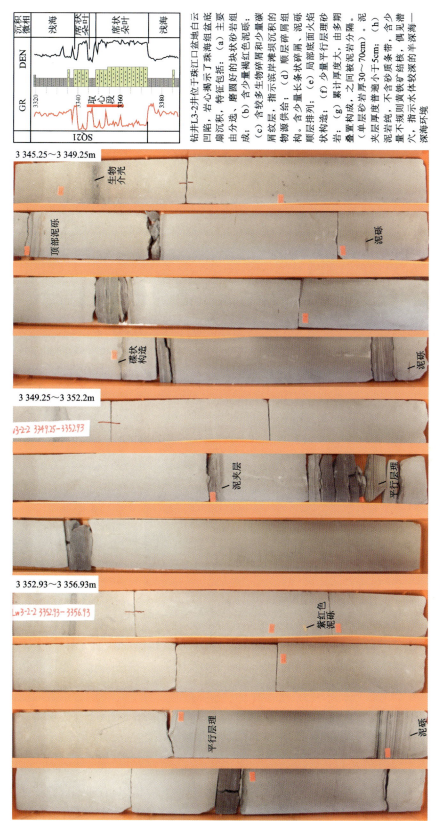

图版 26 白云凹陷珠海组盆底扇岩性组成及沉积特征整体解译

钻井L3-2井位于珠江口盆地白云凹陷,岩心揭示了珠海组盆底扇局部沉积特征包括:(a)主要由块状砂岩组成;(b)含少量红色泥砾、磨圆好的块状褐红色碎屑和少量碳屑物源供给,指示滨岸滩现沉积的碎屑组分分选;(c)含较多生物碎屑和少量碳屑物源供给,指示滨岸滩现沉积的物源供给;(d)顺层状条状碎屑、泥砾顺层排列;(e)局部底面火焰状构造;(f)少量平行层理,由多期砂岩、叠置构造,之间被泥岩分隔;(g)累计厚度普遍30~70cm)。泥岩层厚度普遍小于5cm;(h)泥岩纯,不含砂质条带,含少量不规则黄铁矿结核,偶见潜穴,指示水体较深的半深海—深海环境

· 145 ·

图版 27　白云凹陷珠海组L3-2井盆底啜岩性组成及沉积构造

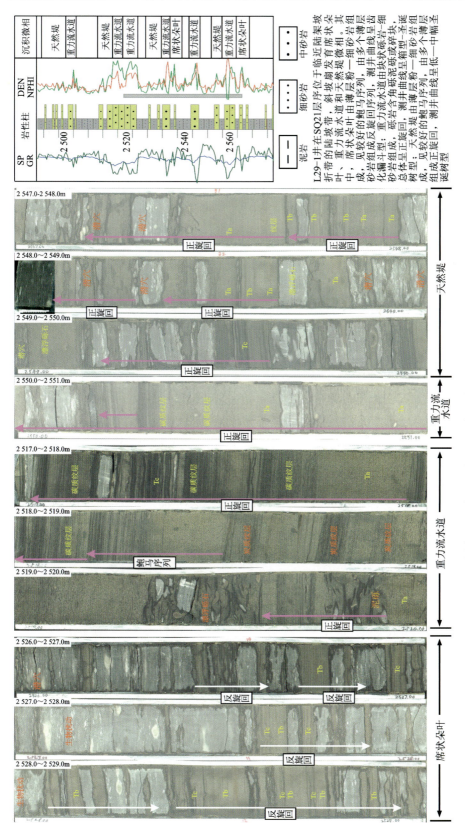

图版 28 白云凹陷珠海组斜坡扇沉积微相及岩性组成

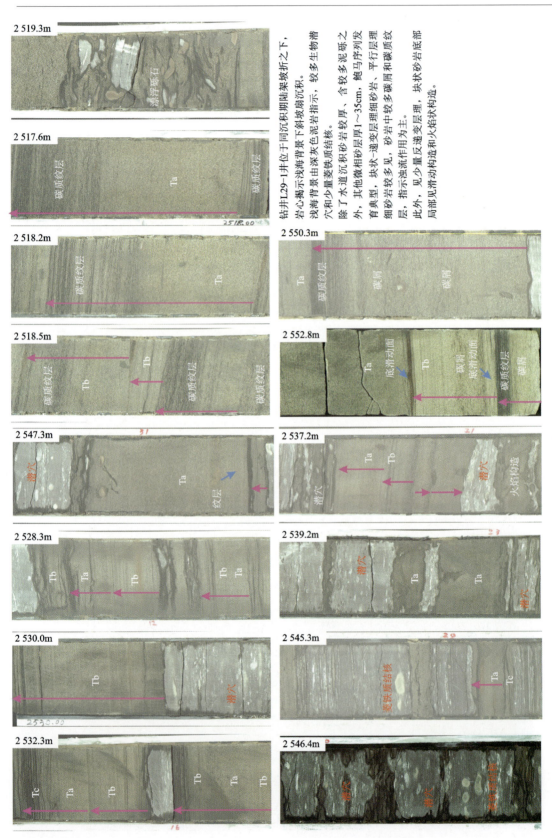

图版 29　白云凹陷珠海组斜坡型沉积典型沉积构造及序列

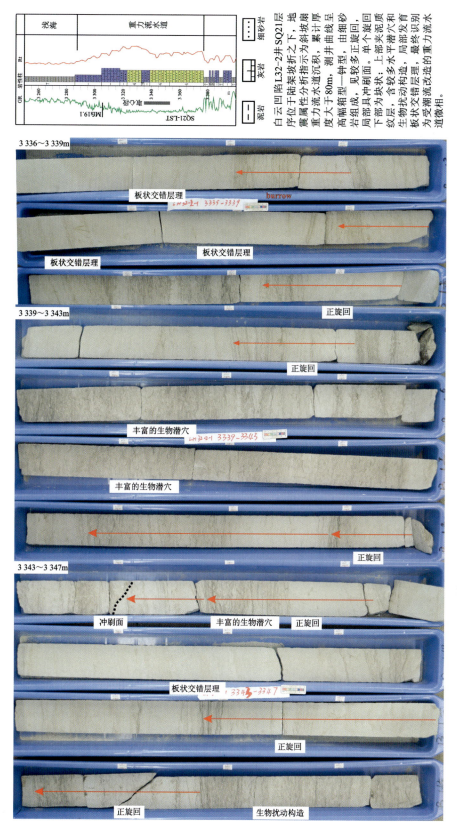

图版 30　白云凹陷 L32-2 井 SQ21 层序潮流改造斜坡扇岩性组成及测井曲线

白云凹陷 L32-2 井 SQ21 层序位于陆架坡折之下，地震属性分析指示为斜坡扇重力流水道沉积，累计厚度大于 80m，测井曲线呈高幅箱型—钟型，由细砂岩组成，见冲刷面。单个旋回下部为块状，含较多泥质纹层，上部夹泥质水平纹层，局部发育生物扰动构造，最终识别板状交错层理、潜穴构造和重力流水道微相。

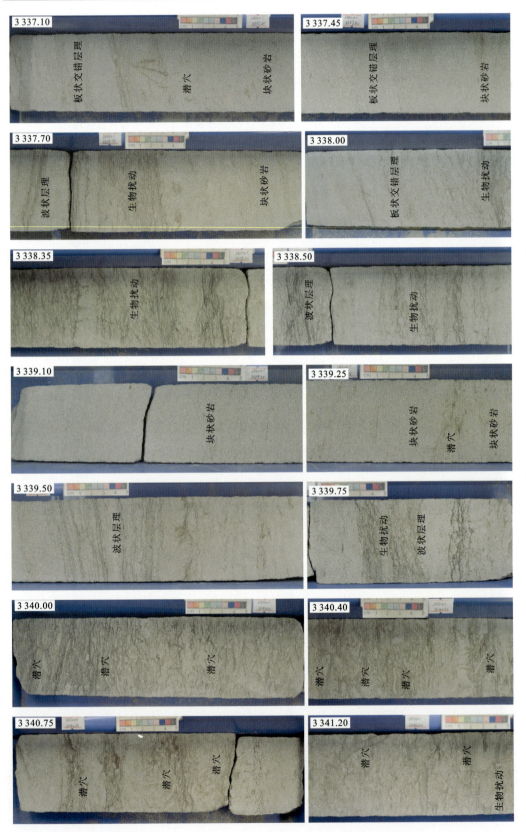

图版 31　白云凹陷 L32-2 井 SQ21 层序潮流改造斜坡扇岩性组成及典型沉积构造

图版 32 莺歌海盆地黄流组浅海背景下海底扇沉积特征

DF13-1-2井位于莺歌海盆地中部，其黄流组一段取心（2 980.00～2 995.00m，3 032.90～3 043.24m）揭示了2种岩性组合：①均匀块状-递变层理细砂岩，局部发育平行层理和波状交错层理，具鲍马序列，指示为重力流水道微相；②泥岩频繁夹粉-细砂岩，脉状-透镜状层理发育，生物虫迹丰富，扰动强烈，指示为浅海潮流沉积。综合指示了浅海背景下受潮流影响或改造的海底扇沉积

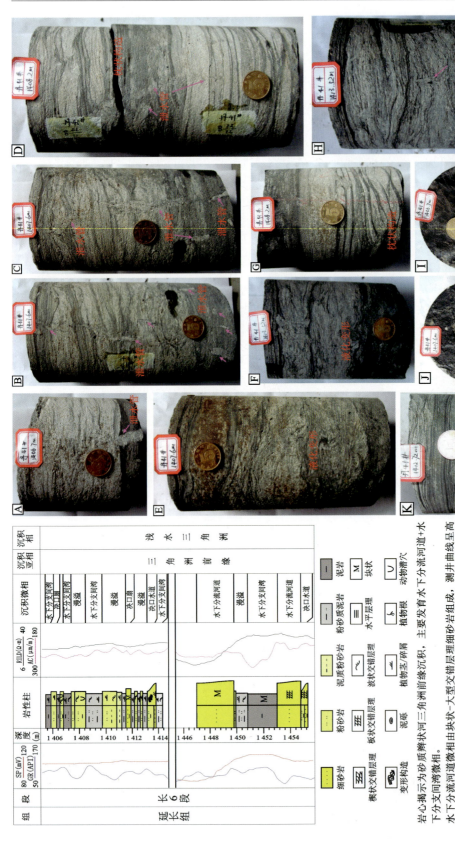

图版 33　鄂尔多斯盆地安塞油田丹 41 井延长组长 6 段岩心沉积相及震积沉积构造

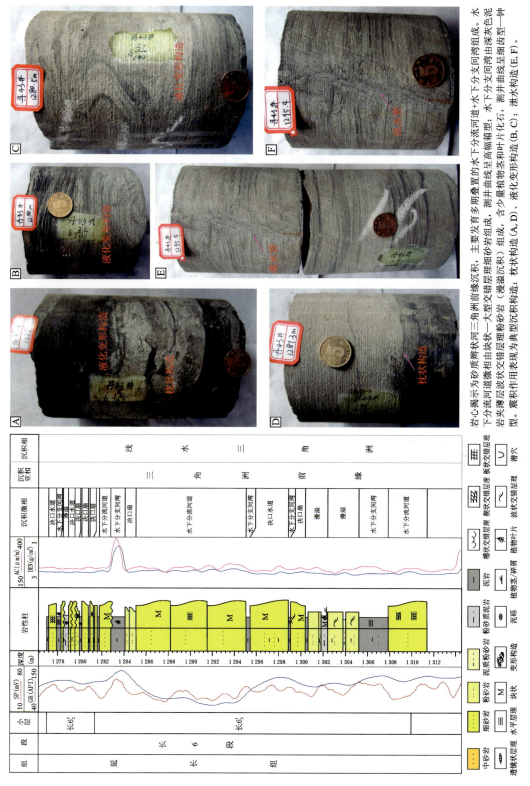

图版 34 鄂尔多斯盆地安塞油田丹 43 井延长组长 6 段沉积相及震积沉积构造

岩心揭示为砂质辫状河三角洲前缘沉积，主要发育多期叠置的水下分流河道，水下分流河道微相由块状—大型交错层理细砂岩（漫溢沉积）组成，测井曲线呈高幅箱型；水下分支间湾+水下分流河道+水下分支间湾组成，水下分支间湾由深灰色泥岩夹薄层波状交错层理粉砂岩（漫溢沉积）组成，含少量植物茎叶片化石，测井曲线呈细齿型一钟型。震积作用表现为典型沉积构造：枕状构造(A, D)，液化变形构造(B, C)；泄水曲线呈细齿型(E, F)。

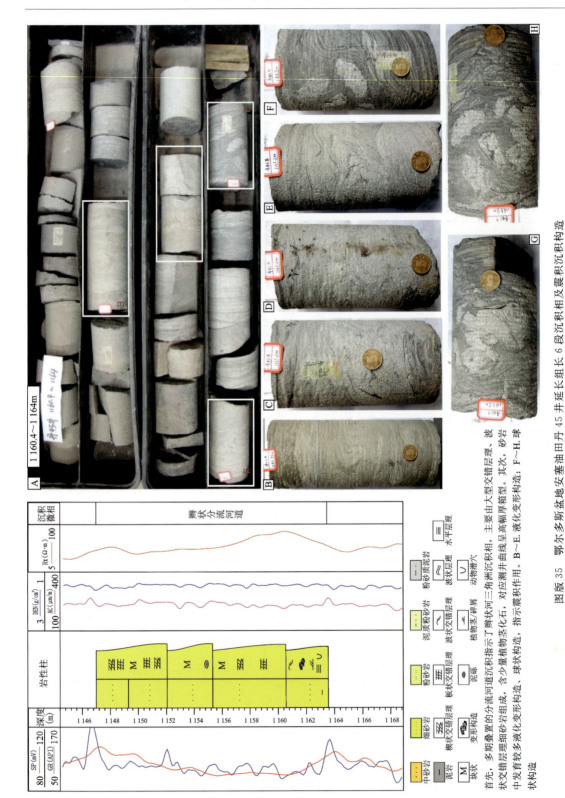

图版 35 鄂尔多斯盆地安塞油田丹 45 井延长组长 6 段沉积相及震积沉积构造

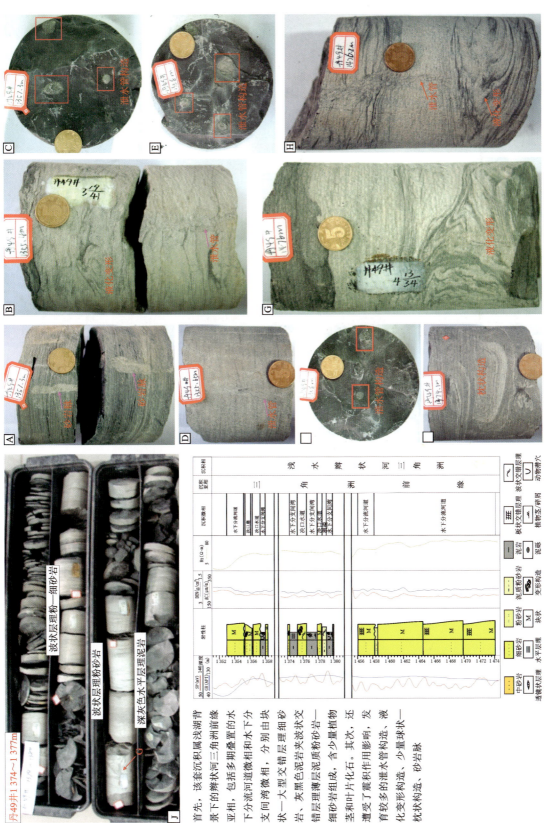

图版 36　鄂尔多斯盆地安塞油田丹 49 井延长组沉积相及震积岩典型沉积构造

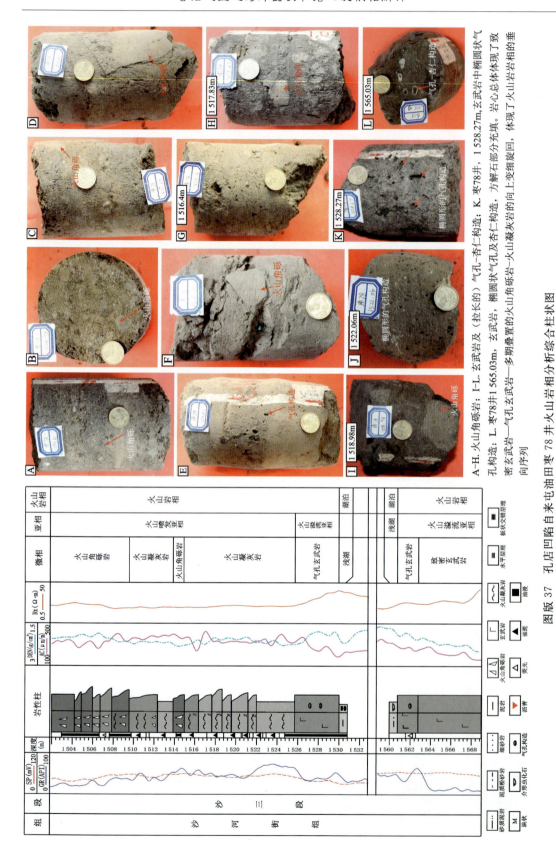

图版 37 孔店凹陷自来屯油田枣 78 井火山岩相分析综合柱状图

A—H. 火山角砾岩; I—L. 玄武岩及 (拉长的) 气孔-杏仁构造; K. 枣78井, 1528.27m, 玄武岩中椭圆状气孔构造; L. 枣78井 1565.03m, 玄武岩, 椭圆状气孔及杏仁构造, 方解石部分充填。岩心总体体现了气致密玄武岩—气孔玄武岩—多期叠置的火山角砾岩-火山凝灰岩-火山岩凝灰岩的向上变细旋回, 体现了火山岩岩相的垂向序列

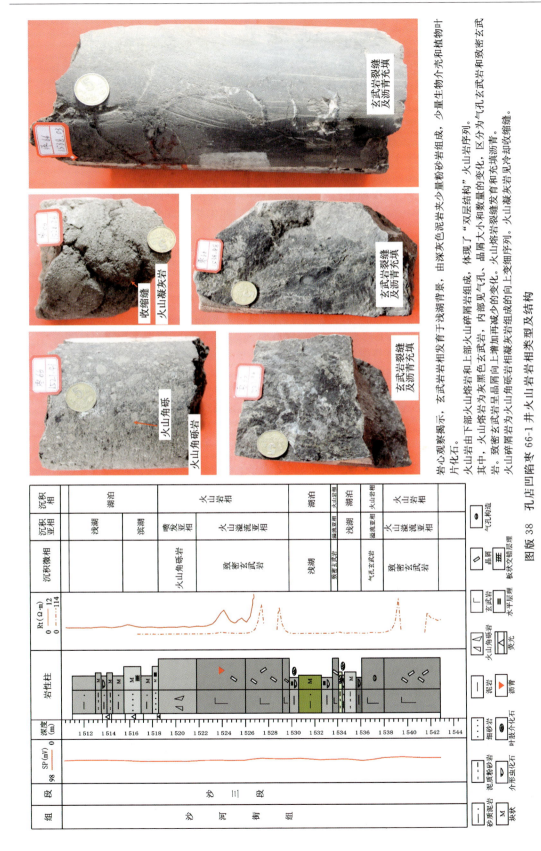

图版 38 孔店凹陷枣 66-1 井火山岩岩相类型及结构

露头图版

图版 1	唐河县唐南公路古近系露头不整合标志特征
图版 2	宜昌杨家湾下白垩统石门组扇三角洲泥石流沉积露头景观
图版 3	库车前陆盆地天山山前克孜勒鲁尔沟露头亚格列木组扇三角洲沉积特征
图版 4	库车盆地天山山前克孜勒鲁尔沟露头白垩系巴什基齐克组扇三角洲沉积特征
图版 5	湖北通山县县城白垩系扇三角洲沉积露头景观
图版 6	Surat 盆地下侏罗统 Precipice Sandstone 辫状河沉积特征
图版 7	秦皇岛地区小傍水崖村-上庄沱镇大石河河段地貌单元及沉积特征
图版 8	秭归县文化乡秭归盆地侏罗系桐竹园组底部砾滩沉积露头景观
图版 9	天山山前库车河、克孜勒鲁尔沟舒善河组露头景观及沉积构造
图版 10	库车盆地天山山前克孜勒鲁尔沟露头库姆格列木组砂泥岩段氧化咸化滨浅湖沉积特征
图版 11	湖北秭归西陵峡村志留系新滩组—纱帽组浅海-前滨相沉积露头景观
图版 12	湖北秭归链子崖景区泥盆系云台观组前滨相沉积露头景观
图版 13	北戴河八岭沟村鸡冠山新元古界龙山组滨岸沙坝沉积特征
图版 14	澳大利亚 Surat 盆地二叠系潮坪沉积岩性组合及典型沉积构造
图版 15	秭归县文化乡秭归盆地侏罗系桐竹园组湖泊三角洲沉积特征
图版 16	宜昌点军区桥边镇下白垩统五龙组氧化型浅湖-辫状河三角洲沉积露头景观
图版 17	美国科罗拉多大峡谷景区风成沙丘沉积景观及典型沉积构造
图版 18	宜昌红花套镇上白垩统红花套组风成砂岩沉积及粒度曲线特征
图版 19	塔里木盆地库车河下白垩统巴西盖组风成砂岩沉积特征
图版 20	美国加利福尼亚 Gaviota State Park 海底扇沉积露头景观及典型沉积现象
图版 21	美国加利福尼亚 Black Beach 海底扇沉积整体解释
图版 22	美国加利福尼亚 Black Beach 海底扇典型沉积现象解释
图版 23	美国加利福尼亚 Point Lobos State Reserve 国家公园海底扇重力流水道沉积特征
图版 24	美国加利福尼亚 Losan Angeles 西海岸海底扇典型沉积构造(一)
图版 25	美国加利福尼亚 Losan Angeles 西海岸海底扇典型沉积构造(二)
图版 26	百色地区田林露头Ⅰ中三叠统海底扇沉积微相识别及典型沉积构造
图版 27	百色地区田林露头Ⅱ中三叠统海底扇沉积微相识别及典型沉积构造
图版 28	百色地区田林露头Ⅲ中三叠统海底扇沉积微相识别及典型沉积构造
图版 29	山东省中部中—上寒武统碳酸盐风暴沉积冲刷面、渠模构造
图版 30	山东省中部中—上寒武统碳酸盐风暴沉积典型岩相
图版 31	湖南桂阳石龙剖面泥盆系锡矿山组碳酸盐风暴岩沉积构造和序列
图版 32	北戴河上庄坨村-小傍水崖村火山集块岩露头景观及岩石结构特征
图版 33	秭归花鸡坡村南沱组冰碛砾岩露头景观及沉积特征
图版 34	湖北通山南沱组冰碛砾岩露头景观
图版 35	秭归花鸡坡村灯影组下部溶洞景观及溶洞充填沉积特征
图版 36	湖北秭归泗溪公园寒武系南津关组溶蚀地貌景观及充填沉积特征
图版 37	秭归白氏坪、九畹溪寒武系天河板组—石龙洞组碳酸盐岩台地沉积特征
图版 38	湖北秭归链子崖村栖霞组—茅口组露头景观及碳酸盐台地沉积特征
图版 39	秭归链子崖村二叠系吴家坪组碳酸盐岩台地边缘生物礁-开阔台地沉积特征
图版 40	利川见天坝上二叠统长兴组碳酸盐岩台地边缘生物礁灰岩岩相类型
图版 41	山东省中部中—上寒武统碳酸盐缓坡沉积的岩性组合特征
图版 42	秭归花鸡坡村陡山沱组一段—三段碳酸盐缓坡沉积特征
图版 43	湖北秭归新元古界灯影组一段碳酸盐潮坪相沉积

图版 1 唐河县唐南公路古近系露头不整合标志特征

露头位于河南省唐河县唐南公路西大岗，该部位出露南阳凹陷古近系，提供了进行沉积-层序分析的场所。A、B、C. 核桃园组三段H31亚段底界不整合面。不整合面之下具褐红色风化黏土，见植物根，煤线和垂直层面的虫穴化石标志；界面之上为多组辫状分流河道沉积，见大型槽状交错层理。E、D. 唐河新桥南唐河西岸，核桃园组二段层序界面以下切谷和铁质风化壳标志。褐铁矿风化壳厚约5cm

图版 2　宜昌杨家湾下白垩统石门组扇三角洲泥石流沉积露头景观

露头位于杨家湾S323省道的岔路旁，出露下白垩统石门组（K_1s），由灰—褐红色厚—巨厚层混杂堆积的中一巨砾岩。砾石厚为灰岩，次棱角状，大小混杂，最大砾径25cm，块状构造，属扇三角洲平原泥石流沉积，也是扇三角洲识别的重要依据。靠近山前逆断层，属早白垩世挤压前陆盆地发育初期盆地边缘相。

图版 3 库车前陆盆地天山山前克孜勒曾乌尔沟露头亚格列木组扇三角洲沉积特征

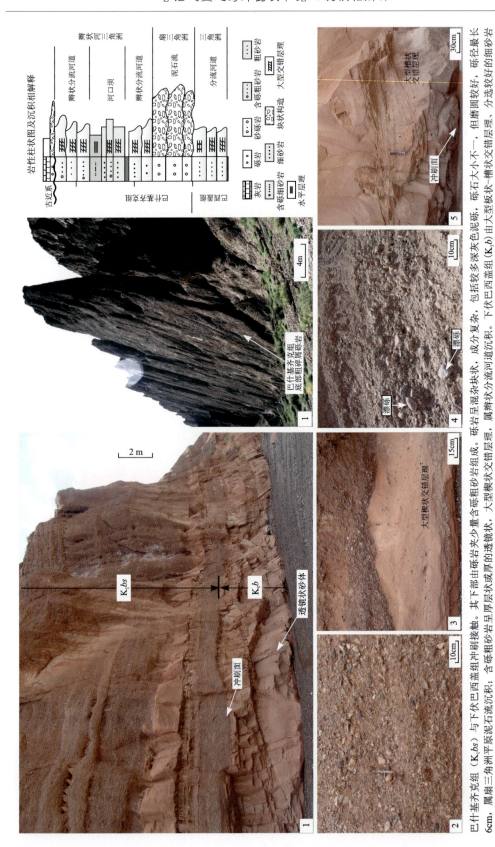

图版 4　库车盆地天山山前克孜勒鲁克曾尔沟露头白垩系巴什基齐克组扇三角洲沉积特征

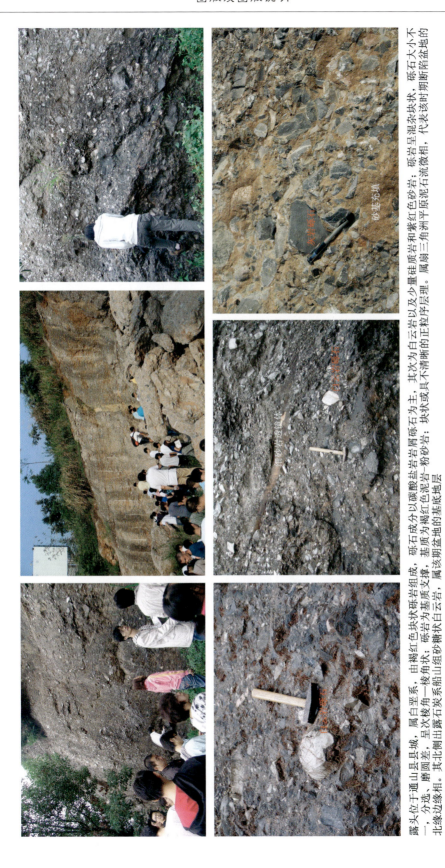

图版 5　湖北通山县县城白垩系扇三角洲沉积露头景观

露头位于通山县县城,属白垩系,由褐红色块状砾岩组成,砾石成分以碳酸盐岩砾石为主,其次为白云岩以及少量硅质岩和紫红色砂岩;砾岩呈混杂块状,砾石大小不一、磨圆度差,呈次棱角—棱角状;砾岩为基质支撑,基质为褐红色泥岩—粉砂岩;块状或具不清晰的正粒序层理。属扇三角洲平原泥石流微相,代表该时期断陷盆地的边缘相。其北侧出露石炭系船山组砂糖状白云岩,基质为白云岩,属该期断陷盆地的基底地层

图版 6 Surat 盆地下侏罗统 Precipice Sandstone 辫状河沉积特征

露头来自澳大利亚 Carnarvon Gorge of Queesland，出露 Surat 盆地下侏罗统 Precipice Sandstone，由灰白色中—厚层状细—含砾粗砂岩组成，砂岩单层厚度大，较多大于 100cm，砂岩累计厚度大于 100m，普遍发育大型板状—楔状交错层理，总体指示为辫状河流沉积，分选性较差

图版 7 秦皇岛地区小傍水崖村—上庄坨镇大石河河段地貌单元及沉积特征

A. 北庄村至上庄坨镇河段处于大石河的中游，海拔70m左右，平面上呈高度弯曲的"S"形，最大宽度约80m，河道长度960m，其河谷长度2 715m，由此计算弯曲度为2.828，表现为曲流河河样式。B. 在该河段，河床、谷底和谷坡三分明显；河谷两侧为低矮植被覆盖的基岩谷山地，河床随河谷同步弯曲，并在凹岸侵蚀及基岩台坡。现今的主流线偏向凹岸，河流沿凸岸交错发育在河道两侧形成凸岸，此外，还发育三级阶地。C. 现今河道滞留沉积。由凹岸基岩崩塌产生，砾径50～120cm，个别大于3m，次棱角—棱角状，零星分布于河道底部。D. 砾石质点坝沉积—大型交错层理沙坝沉积—河漫滩沉积的正旋回序列。大型交错层理纹层倾向显示沉积的正旋回序列。E、F.从滞留沉积—大型交错层理沙坝沉积—河漫滩沉积顺层列显示。

图版 8 秭归县文化乡秭归盆地侏罗系桐竹园组底部砾滩沉积露头景观

照片来自秭归地区文化乡秭归盆地侏罗系桐竹园组底部,为一套厚达10m的中厚层状砾岩——底砾岩。砾岩砾石成分以硅质岩、石英岩、脉石英和燧石为主,少量石英砂岩,次棱角—次圆状,砾径1~2cm为主;砾石之间粗砂颗粒支撑;扁平状砾石呈叠瓦状结构;该套砾岩具有高的成分成熟度和较高的结构成熟度,指示为滨湖砾滩的沉积特点。

下伏地层为上三叠统九里岗组,由灰白色中—巨厚层状砂岩、薄层灰白色泥岩+细砂岩+深灰色泥岩+煤层组成,之间冲刷接触。其中砂岩显示向上减薄而变细的正旋回,识别为三角洲平原分流河道沉积,薄层灰白色粉—细砂岩与泥岩薄互层夹煤层。其中煤层5~6层,厚度2~20cm。总体为分流间湾沉积,桐竹园组下部由薄—中层状粉砂岩和黑色泥岩互层,夹较多煤层,含叶片和根茎化石丰富,包括保存完好的叶片和根化石,指示滨浅湖沼泽沉积,该时期气候温暖潮湿,适宜煤层发育。根据以上分析,底砾岩的粒度、砾石岩的成分变化,指示的沉积环境与下伏地层之间存在跳跃性变化,由此推测为印支运动的沉积记录

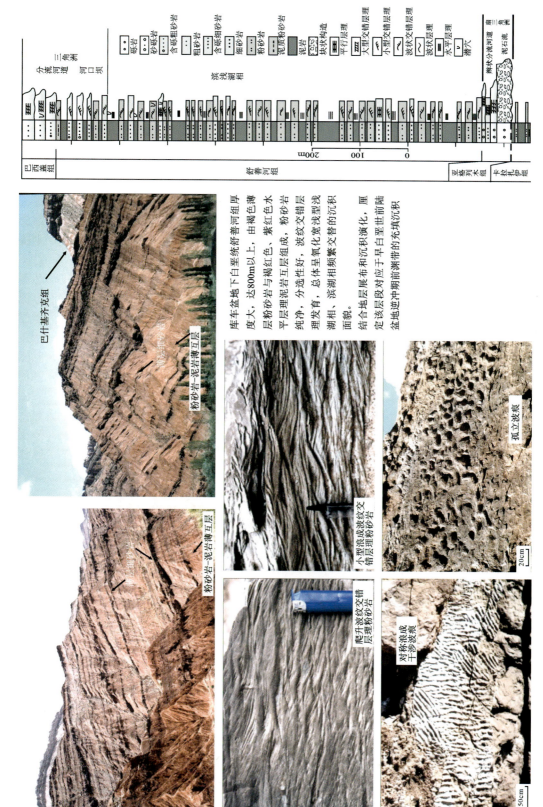

图版 9 天山山前库车河、克孜勒鲁孜尔沟舒善河组露头景观及沉积构造

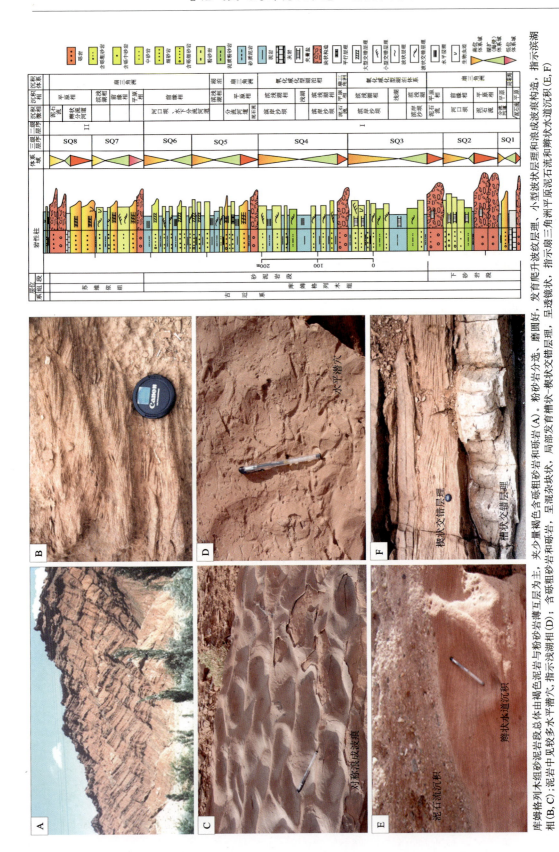

图版 10 库车盆地天山山前克孜勒鲁尔沟露头库姆格列木组砂泥岩段氧化咸化滨浅湖沉积特征

库姆格列木组泥岩段总体由褐色泥岩与粉砂岩薄互层为主,夹少量褐色含砾粗砂岩和砾岩(A)。粉砂岩分选、磨圆好,发育爬升波纹层理,小型波状层理和浪成波痕构造,指示湖泊三角洲平原河流和滩状水道沉积(B,C);泥岩中见较多水平潜穴,呈混杂块状,局部发育槽状-楔状交错层理,呈透镜状,指示浅湖相(D);含砾粗砂岩和砾岩,发育爬升波纹层理,夹少量褐色泥岩,磨圆好,粉砂岩分选、磨圆好,楔状交错层理,指示湖泊三角洲平原泥石流和滩状水道沉积(E,F)

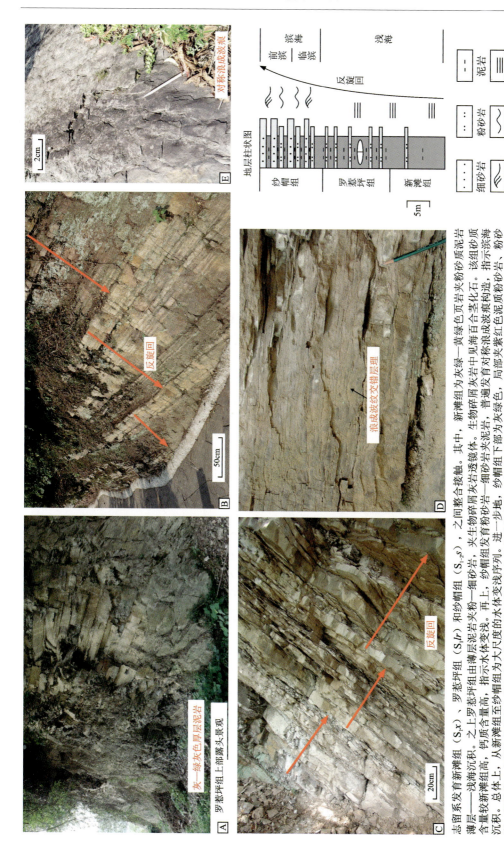

图版 11 湖北秭归西陵峡村志留系新滩组—纱帽组浅海—前滨相沉积露头景观

图版 12　湖北秭归链子崖景区泥盆系云台观组前滨相沉积露头景观

图版 13　北戴河八岭沟村鸡冠山新元古界龙山组滨岸砂坝沉积特征

露头位于八岭沟村后约1.5km的鸡冠山山顶，出露新太古代花岗岩（Ar，2 600Ma，主要成分为钾长石，石英和斜长石，中粗粒花岗结构）和新元古界龙山组（Pt₃l，约800Ma），之间沉积不连续，缺失1 800Ma的沉积记录，属沉积不整合接触关系，代表了一次古老的海平面变化历史。龙山组砂岩，俗称泥岩，与太古宙花岗岩之间沉积10cm左右风化泥土（褐铁矿）和八岭土（褐红色风化黏土）；界面之上见厚30～50cm的底砾岩，砾石成分为花岗岩岩屑和正长石岩屑，指示了花岗岩风化物源，龙山组砂岩为灰白色厚层状石英砂岩，成分及结构成熟度高，石英含量高达90.99%～95.17%，含海绿石；发育冲洗交错层理、楔状交错层理、浪成波痕构造，局部为楔状交错层理，以及波痕构造。龙山组砂岩质量符合玻璃原料要求，曾是国家大型企业秦皇岛耀华玻璃厂的主要波痕对称性好，呈"脊尖谷圆"形态，表明了波浪作用成因。龙山组砂岩质量符合玻璃原料要求，曾是国家大型企业秦皇岛耀华玻璃厂的主要原料（王家生等，2011）

图版 14 澳大利亚 Surat 盆地二叠系潮坪沉积岩性组合及典型沉积构造

露头位于澳大利亚昆士兰州 Surat 盆地北部,出露二叠系潮坪沉积,夹少量河流沉积。潮坪沉积进一步判识为潮间带沉积,由粉—细砂岩与泥岩频繁薄互层组成(A,B),单层砂岩厚度 10~30cm,波状层理、透镜状层理发育(C,D,E),局部见丰富的潜穴化石(F)和少量双壳类生物化石。另外,还存在少量潮道沉积,由中—细砂岩组成,底部见冲刷面,下部发育大型交错层理,上部发育波状交错层理,总体呈正旋回,厚度近 1m(G)。

河流沉积由褐红色砾岩—粗砂岩组成,砂体呈透镜状,大型交错层理发育,正旋回(H)。河流的发育为潮坪沉积提供了砂质来源。

图版 15 秭归县文化乡秭归盆地侏罗系桐竹园组湖泊三角洲沉积特征

露头位于秭归文化乡S334公路旁，所见侏罗系桐竹园组（J₁t）灰绿—黄绿色粉—细粒砂岩夹粉质泥岩和煤线，含较多双壳动物化石和植物茎叶化石。整体呈双反旋回，对应湖泊三角洲沉积。浅湖相以水平层理深灰色泥岩为主；远砂坝沉积由中—厚层状细粉砂岩组成，水下分流河道沉积由厚层状细砂岩组成，砂岩粒度和层厚向上增加。分支间湾由深灰色水平纹层夹泥岩组成、夹煤线，指示为好的成煤环境

图版16 宜昌点军区桥边镇下白垩统五龙组氧化型浅湖-辫状河三角洲沉积露头景观

科罗拉多大峡谷（Colorado, the Grand Canyon）被称为世界七大奇观之一，是联合国教科文组织选为受保护的天然遗产之一。马蹄湾（Horseshoe Bend）景点位于科罗拉多河拐弯处，河流切割成近垂直的陡崖，落差百米以上（A, B）；羚羊彩穴（Antelope Canyon）是著名的狭缝型峡谷，由百万年来洪流和大风的侵蚀形成（C-I）。该景区出露典型的风成沙丘沉积，主要由褐红色细砂岩组成，以分选性好、高石英含量和近45°的高角度交错层理为特征。此外，出露少量低角度交错层纹层，含少量泥砾。高结构和成分成熟度、精细的沉积纹层景观是马蹄湾独特景观的必备条件（G-I）。

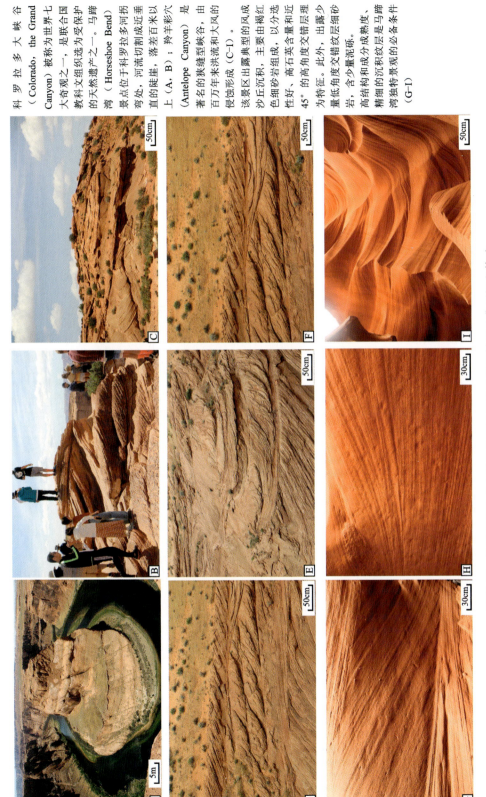

图版 17　美国科罗拉多大峡谷景区风成沙丘沉积景观及典型沉积构造

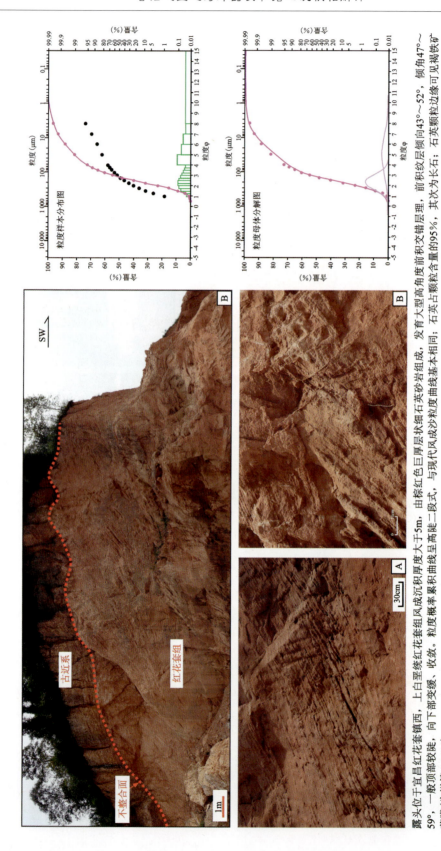

图版 18 宜昌红花套镇上白垩统红花套组风成砂岩沉积及粒度曲线特征

露头位于宜昌红花套镇西，上白垩统红花套组风成砂岩组沉积厚度大于5m，由棕红色巨厚层状细石英砂岩组成，发育大型高角度前积交错层理，前积纹层倾向43°～52°，倾角47°～59°，一般顶部较陡，向下部变缓、收敛。与现代风成沙成沙粒度粒度曲线基本相同，粒度概率累积曲线呈高陡二段式，石英占颗粒含量的95%，其次为长石；石英颗粒边缘可见褐铁矿薄膜（朱锐等，2010）

图版19 塔里木盆地库车河下白垩统巴西盖组风成砂岩沉积特征

A.棕红色大型高角度前积交错层理细砂岩；B.棕红色大型槽状交错层理细砂岩；C.棕红色大型不同角度的前积交错层理细砂岩块状层状交错层理（下）、低角度细砂岩；E.棕红色超大型高角度交错层理与高角度前积交错层细砂岩；F.棕红色有暗色矿物分异形成的平行韵律层理细砂岩

图版 20　美国加利福尼亚 Gaviota State Park 海底扇沉积露头景观及典型沉积现象

图版 21　美国加利福尼亚 Black Beach 海底扇沉积整体解释

露头地点 Black Beach。剖面沉积总厚 50m 左右的悬崖,揭示始新统一个大型扇体沉积的横切面,主要为重力流水道+天然堤两种微相。水道砂体呈规模不一的透镜状,小型砂体厚 2m 左右,大型砂体厚 8~10m,夹在天然堤薄层状砂泥岩中。由于差异压实的影响,天然堤沉积向上凸出。根据以上宏观结构,推断该扇体形成于低水位时期,由于海平面上升,沉积物供给受到限制,泥质含量高,粒度较细,以致形成了天然堤较发育的海底扇类型

露头地点Black Beach，水道沉积由细—粗砂岩组成，局部为块状细—中砾岩和砂砾岩，砾石大小不一，但磨圆好，局部具叠瓦状构造，砂砾基充填；砾岩中砾石呈漂浮状；天然堤砾成不呈整体的粉—细砂岩中发育递变层理（Ta）和平行层理（Tb），构造不完整鲍马序列。泥岩中见垂直潜穴，指示该时期水体较浅，推断为浅海背景

图版 22　美国加利福尼亚 Black Beach 海底扇典型沉积现象解释

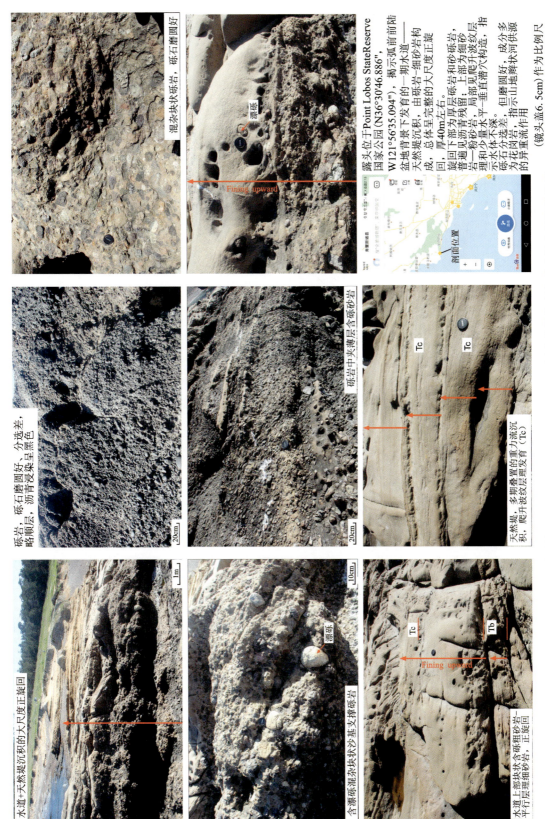

图版 23 美国加利福尼亚 Point Lobos State Reserve 国家公园海底扇底重力流水道沉积特征

图版 24 美国加利福尼亚 Losan Angeles 西海岸海底扇典型沉积构造（一）

露头位于洛杉矶（N33°24′29.527″，W117°368.175″），出露中新世海底扇沉积，由灰黄色细—粗砂岩、砾岩组成，识别为4～5期错位叠置水道——内扇辫状水道，构成厚层连通砂体（Amalgamated sandbody）。单期水道砂体呈透镜状，厚0.3～1.2m，底部具侵蚀冲刷构造和滞留砾石，之上变细呈正旋回；多期水道之间发育薄层细粒水平层理泥岩、粉—细砂岩天然堤沉积。发育块状砂岩（Tam）、平行层理（Tb）和火焰构造（Flame structure），构成不完整的鲍马序列。箭头指示单期水道底部冲刷面。

图版 25 美国加利福尼亚 Losan Angeles 西海岸海底扇典型沉积构造（二）

露头位于洛杉矶(N33°24′29.527″, W117°36′8.175″)，出露中新世海底扇沉积，由灰黄色细—粗砂岩、砾岩组成，识别为4~5期错位叠置水道——内扇辫状水道。单期水道沉积厚0.3~1.2m，底部具侵蚀冲刷构造，之上变细呈正旋回。发育块状砂岩(Tam)、平行层理(Tb)和火焰构造(Flame structure)，构成不完整的鲍马序列

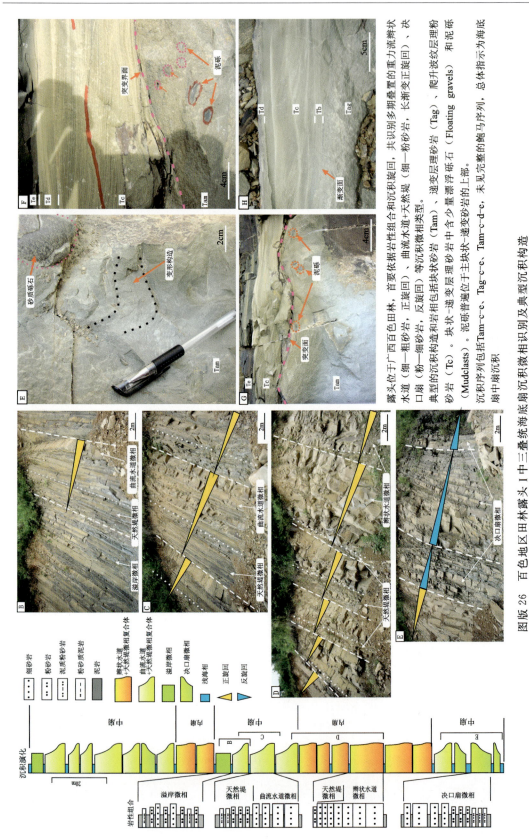

图版 26 百色地区田林露头 I 中三叠统海底扇沉积微相识别及典型沉积构造

露头位于广西百色田林,首要依据岩性组合和沉积旋回,共识别多期叠置的重力流辫状水道(细—粗粒砂岩,正旋回)、曲流水道(细—细粒砂岩,反旋回)、粉—细砂岩,反旋回)、决口扇(粉—细砂岩)、等沉积微相类型。

典型的沉积构造和岩相包括块状砂岩(Tam)、递变层理砂岩(Tag)、爬升波纹层理粉砂岩(Tc)。块状-递变层理砂岩中含少量漂浮砾石(Floating gravels)和泥砾(Mudclasts)。泥砾普遍位于主块状-递变砂岩的上部。

沉积序列包括Tam-c-e、Tag-c-e、Tam-c-d-e,未见完整的鲍马序列,总体指示为海底扇中扇沉积

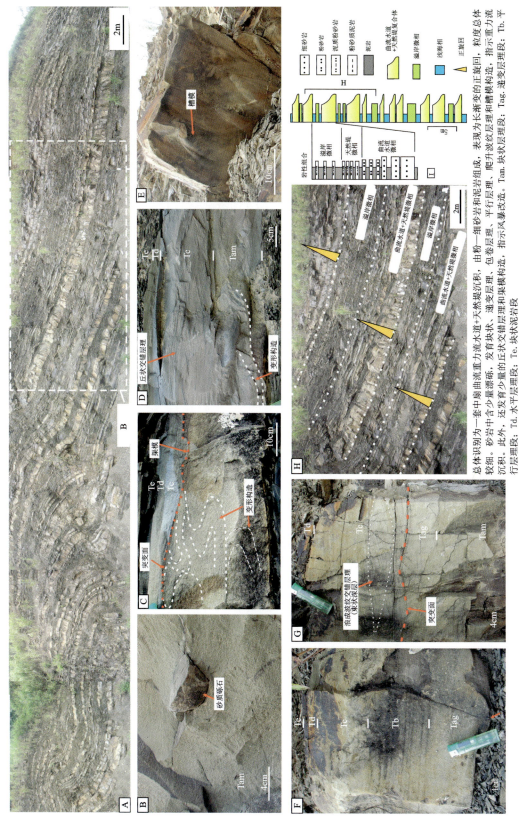

图版 27 百色地区田林露头 II 中三叠统海底扇沉积微相识别及典型沉积构造

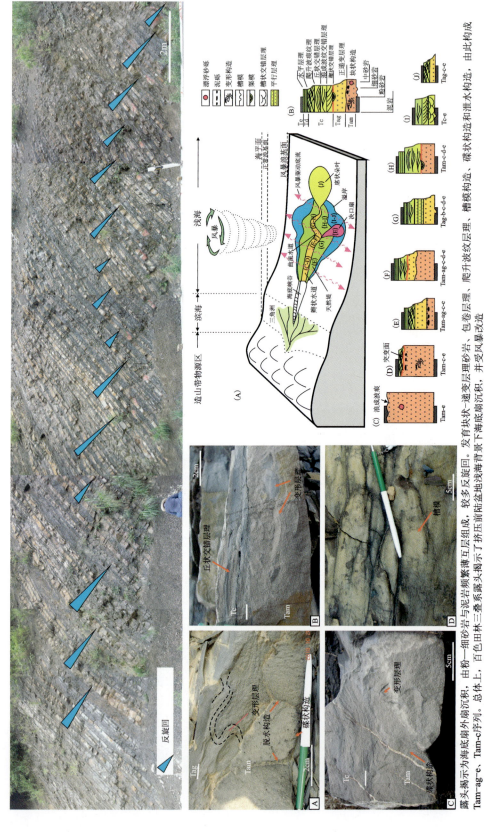

图版 28 百色地区田林露头Ⅲ中三叠统海底扇沉积微相识别及典型沉积构造

露头揭示为海底扇外扇沉积，由粉—细砂岩与泥岩频繁薄互层组成，较多反旋回。发育块状-递变层理砂岩、包卷层理、爬升波纹层理、槽模构造、碟状构造和泄水构造，由此构成 Tam-ag-e、Tam-c 序列。总体上，百色田林三叠系露头揭示丁挤压前陆盆地浅海背景下海底扇沉积，并受风暴改造

图版 29　山东省中部中—上寒武统碳酸盐岩风暴沉积冲刷面、渠模构造

A. 张家庄露头，砾屑灰岩，上覆层状灰岩及小型渠模构造（中缓坡环境）；B，C. 郭家庄露头，灰色薄层状灰岩夹放射状砾屑灰岩，灰色薄层状灰岩，正常天气灰色薄层状灰岩；D. 张庄村露头，渠模+波状纹层状砂层状砾岩充填，大型渠模构造及风暴沉积序列；E, F. 张庄村露头，大型渠模构造及垂直排列砾屑灰岩充填，底冲刷面，砾屑灰岩—递变含砾砂屑灰岩—丘状交错层理砂屑灰岩—波纹层状砂屑灰岩构成的风暴沉积序列；G, H. 郭家庄露头，大型渠模构造及高角度排列砾屑灰岩充填，区别于水平—叠瓦状水平砾屑灰岩；I. 大寺山露头，递变含砾砂屑灰岩—丘状交错层理砂屑灰岩—波纹层状砂屑灰岩构造成的风暴沉积序列；J～L. 郭家庄露头，灰白色具高角度裂纹白云质灰岩（指示潮上带环境）及渠模构造。红色点线和红色箭头指示渠模构造，向上形三角形指示单个风暴沉积序列

图版 30　山东省中部中—上寒武统碳酸盐岩风暴沉积典型岩相

A、B.张庄村露头，叠瓦状砾屑，叠瓦状砾屑灰岩、风暴砾屑滩沉积，水平-叠瓦状砾屑灰岩（风暴浊流沉积）、含砾砂屑灰岩（风暴砾屑滩沉积），构成砂屑灰岩；C、D.郭家庄剖面，丘状交错层理砂屑灰岩和丘状交错层理砂屑灰岩、含砾砂屑和水平砾屑灰岩，多期叠置的水平砾屑灰岩，风暴砾屑滩沉积；G.张庄村露头、叠瓦状砾屑序列；E.郭家庄剖面，水平-叠瓦状砾屑灰岩，构成风成砾屑灰岩，以及平行层理砂屑灰岩（风暴诱发的崩塌砾屑流沉积）及纹层砾屑粉屑灰岩，构成风成风暴沉积序列；紧密堆积棱角状砾屑灰岩相，紧密支撑砾屑灰岩相，砂屑支撑基质砂屑灰纹层状砾屑灰岩，风暴诱发的砂质碎屑流沉积；K、L.大寺山露头，冲刷面、砾屑暴沉积序列；I.张庄村露头反纹层状砂屑灰岩构成砂屑灰岩构成的风暴沉积序列。（褐红色）基质支撑砾屑灰岩相；J.大寺山露头，向上的三角形示意单个风暴沉积序列。（镜头盖6.5cm，作为比例尺）
灰岩、递变砂屑反纹层状砂屑灰岩构成砂屑灰岩构成的风暴沉积序列

露头来自湖南桂阳石龙镇，显示泥盆系锡矿山组碳酸盐岩风暴沉积，发育底部渠模构造，砾屑灰岩，正递变层理砾屑灰岩-正递变砂屑粉屑灰岩-丘状交错层理-波状-纹层状-波状-正递变粉砂屑灰岩的序列（向上箭头Succ.1和Succ.2）。单个沉积的序列厚50～100cm，不过完整的序列未见。其中，渠模宽5～10cm；砾屑（1～2）cm×（3～6）cm大小，均为扁平长条状泥晶灰岩，水平排列为主，倒"小"字形排列。丘状交错层理丘型呈直径60～80cm。该层段风暴沉积的发现对厘定同沉积期研究区古地理位置和气候具有指示意义（低纬度热带-亚热带）

图版31 湖南桂阳石龙剖面泥盆系锡矿山组碳酸盐岩风暴岩沉积构造和序列

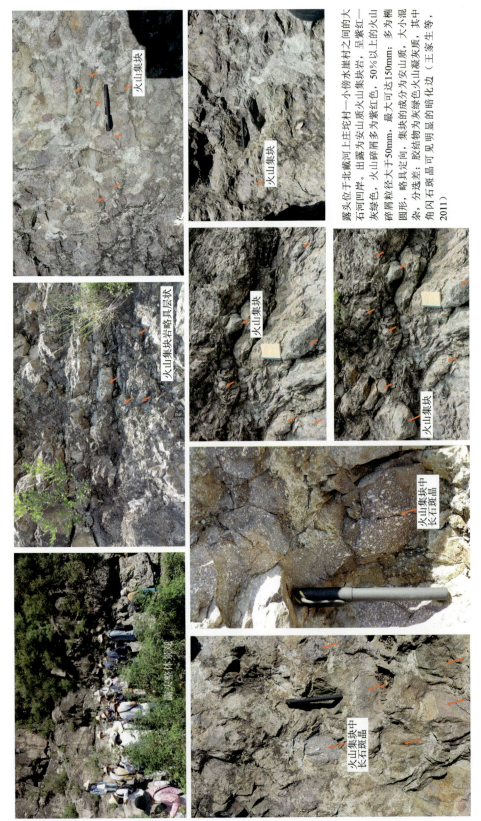

图版 32　北戴河上庄坨村—小傍水崖村火山集块岩露头景观及岩石结构特征

露头位于北戴河上庄坨村—小傍水崖村之间的大石河凹岸。出露为安山质火山集块岩，呈紫红—灰绿色。火山碎屑多为紫红色，50%以上的火山碎屑粒径大于50mm，最大可达150mm；多为椭圆形，略具定向，集块的成分为安山质，大小混杂，分选差；胶结物为灰绿色火山凝灰质，其中角闪石斑晶可见明显的暗化边（王家生等，2011）

露头位于秭归花鸡坡村土三公路旁。出露南沱组，由灰绿色块状泥岩组成，含较多砾石，厚度约100m。砾岩成分多样，包括燧石、石英岩、砂岩或泥岩岩屑等，大小不一，无分选，个别可达50cm，具较好磨圆，排列无定向，不成层，呈漂浮状分布于灰绿色泥岩之中。这种独特的岩石结构体现了冰阀沉积作用——冰川携带砾石至海、湖深水地区，而后因冰川消融沉积，属冰川沉积中的冰沉积类型

图版 33 秭归花鸡坡村南沱组冰碛岩露头景观及沉积特征

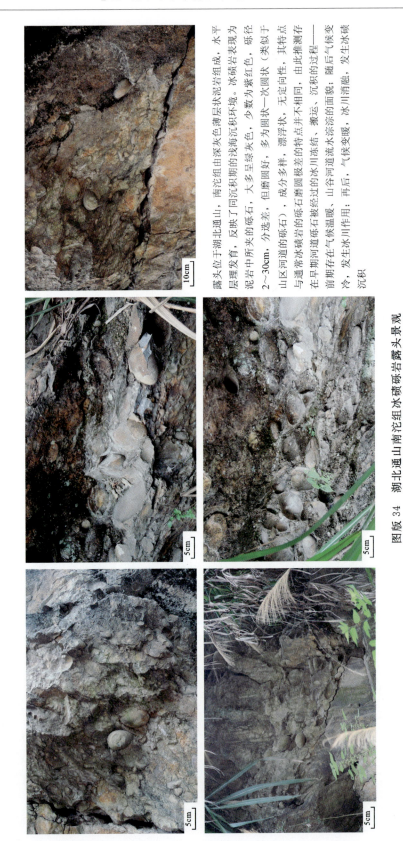

露头位于湖北通山，南沱组由深灰色薄层状泥岩组成，水平层理发育，反映了同沉积期的浅海沉积环境。冰碛岩表现为泥岩中所夹的砾石，大多呈绿灰色，少数为紫红色，砾径2~30cm，分选差，但磨圆好，多为圆状（类似于一次圆状）。成分多样，漂浮状，无定向性，其特点与通常冰碛岩的砾石磨圆极差的特点并不相同，由此推测存在早期河道冰碛砾石被经过的冰川冻结、搬运、沉积的过程——山谷河道冰碛砾石被经过的冰川冻结、搬运、沉积的面貌；山谷河道流水溶冻冰碛岩的面貌；前期在气候温暖，随后气候变冷，发生冰川作用；再后，气候变暖，冰川消融，发生冰碛沉积

图版34　湖北通山南沱组冰碛砾岩露头景观

图版 35 秭归花鸡坡村灯影组下部溶洞景观及溶洞充填沉积特征

露头位于秭归花鸡坡村椿材岩（C—F）—和尚洞（A—B）。显示溶洞沉积的3个要素：①可溶性岩石，由陡山沱组三段—灯影组白云岩组成；②断层构造，裂缝地层断层，裂缝薄弱带，有利于地下水溶蚀作用，形成大型溶洞构造，带走溶蚀物质，以致发育大型溶洞构造；③溶洞水道。
露头所见断层近于直立，擦痕显示为走滑运动学特征。溶洞角砾岩大小不一的混杂块状，砾石源自溶洞跨塌，棱角状，无分选，磨圆，泥基充填。水道沉积由粗—细砂岩组成，具大型交错层理

图版 36 湖北秭归泗溪公园寒武系南津关组溶蚀地貌景观及充填沉积特征

露头位于秭归泗溪公园。地层为寒武系南津关组，由灰色厚层状灰岩组成，普遍见叠层石化石。叠层石显示为微波状，包来状和球状等形态，总体指示为一个叠层石礁体。溶蚀地貌见3个天坑，瀑布和溪流。溶洞角砾呈大小混杂的块状，泥基充填溶洞系统。溶洞角砾构成完善的溶洞系统。

图版 37 秭归白氏坪、九畹溪寒武系天河板组—石龙洞组碳酸盐岩台地沉积特征

天河板组（$\epsilon_1 t$）主体由大套的浅灰—深灰色薄层状泥质条带灰岩夹少量中厚层灰岩组成，属典型的台前缓坡带上部沉积。天河板组上部在九畹溪发育核形石和古杯类生物礁灰岩，指示台地边缘难—礁微相沉积。石龙洞组（$\epsilon_2 s l$）主要为深灰—褐灰色中厚层灰岩与巨厚层状白云岩白云岩。在九畹溪由巨厚层状白云岩组成，显示开阔台地沉积。总体上，天河板组—石龙洞组沉积相为由台前缓坡上部—台地边缘—开阔台地的向上变浅序列

图版38 湖北秭归链子崖村栖霞组—茅口组露头景观及碳酸盐台地沉积特征

图版 39　秭归链子崖村二叠系吴家坪组碳酸盐岩台地边缘生物礁-开阔台地沉积特征

露头位于秭归链子崖村吴家坪组(P_3w)，为灰—深灰色中厚—巨厚层状含硅质条带和团块的生物碎屑灰岩。与茅口组相比，吴家坪组虽然仍含有丰富的生物化石碎屑，但大型蜓类消失，海绵化石明显减少，局部可见丰富的腕足化石——台地边缘生物礁-开阔台地沉积

图版 40 利川见天坝上二叠统长兴组碳酸盐岩台地边缘生物礁灰岩岩相类型

图版 41 山东省中部中—上寒武统碳酸盐缓坡沉积的岩性组合特征

A.郭家庄露头，炒米店组上部灰白色厚层状白云质灰岩，龟裂纹十分发育，内缓坡潮上带微相；B.大寺山露头，三山子组C段底部灰白色窝卷状叠层石白云岩，内缓坡潮间带微相；C.大寺山露头，炒米店组上部灰色厚层石灰岩，内缓坡潮上带微相；D、E.柳条峪村露头，炒米店组上部灰岩段叠层石露头，内缓坡潮上带微相；F.柳条峪村露头，张夏组上灰岩段叠层石，内缓坡滩边缘浅滩微相；G.郭家庄露头，炒米店组上部灰色中厚层状白云质灰岩及波状层理微相；H.张庄村露头，炒米店组上部灰色波状链条状、薄层状灰岩、中缓坡亚相；I.郭家庄露头，炒米店组中部页岩夹薄层灰岩及透镜状砾屑灰岩（风暴沉积），外缓坡亚相；J、K.柳条峪村露头，崮山组灰色页岩夹少量链条状、含丰富保存较好的三叶虫和海绵骨针化石，外缓坡—盆地亚相；L.郭家庄露头，炒米店组下部页岩夹透镜状砾屑灰岩（风暴沉积），盆地亚相。镜头盖直径6.5cm提供比例尺

图版 42 秭归花鸡坡村陡山沱组一段—三段碳酸盐缓坡沉积特征

图版及图版说明

图版 43 湖北秭归新元古界灯影组一段碳酸盐潮坪相沉积

露头位于秭归花鸡坡—周家坳，出露新元古界灯影组。灯一段下部由灰—灰白色中—厚层状白云岩组成，灯一段下部见中层状砂屑白云岩，具刀砍纹，见滚纹层或（波状—球状）盐岩缓坡内缓坡潮坪微相。灯一段上部见中层状砂屑白云岩，波状交错层理，波状交错层感，指示为内缓坡边缘浅滩沉积，之上，灯二段由灰—深灰色薄层状泥质条带灰岩组成，富含宏观藻类（文德带藻）化石，指示为中缓坡沉积。总体显示为海侵沉积序列

· 201 ·